水体污染控制与治理科技重大专项"十三五"成果系列丛书、重点行业水污染全过程控制技术系统与应用（造纸标志性成果）

造纸行业水污染全过程控制技术发展蓝皮书

朱文远　徐　峻　童国林 等　编著

陈克复　主审

U0302487

科学技术文献出版社
SCIENTIFIC AND TECHNICAL DOCUMENTATION PRESS

·北京·

图书在版编目（CIP）数据

造纸行业水污染全过程控制技术发展蓝皮书 / 朱文远等编著. —北京：科学技术文献出版社，2020.12

ISBN 978-7-5189-7412-2

Ⅰ.①造… Ⅱ.①朱… Ⅲ.①造纸工业废水—污染控制—研究报告—中国 Ⅳ.①X703

中国版本图书馆 CIP 数据核字（2020）第 239410 号

造纸行业水污染全过程控制技术发展蓝皮书

策划编辑：孙江莉　　　责任编辑：李 鑫　　　责任校对：张吲哚　　　责任出版：张志平

出　版　者	科学技术文献出版社
地　　　址	北京市复兴路15号　　邮编 100038
编　务　部	(010) 58882938，58882087（传真）
发　行　部	(010) 58882868，58882870（传真）
邮　购　部	(010) 58882873
官 方 网 址	www.stdp.com.cn
发　行　者	科学技术文献出版社发行　全国各地新华书店经销
印　刷　者	北京虎彩文化传播有限公司
版　　　次	2020 年 12 月第 1 版　2020 年 12 月第 1 次印刷
开　　　本	710×1000　1/16
字　　　数	200千
印　　　张	12.5
书　　　号	ISBN 978-7-5189-7412-2
定　　　价	58.00元

编著者名单

朱文远　徐　峻　童国林　王淑梅

陈务平　王　晨　程金兰　金永灿

刘　琪　蔡　慧　等

前　言

造纸业与国民经济和社会发展关系密切，是重要基础原材料产业，具有可持续发展的特点，在国民经济各领域发挥着重要作用。纸张产品广泛用于文化传播、包装、装潢、工农业生产、国防建设和人民生活等各个领域，在促进物质文明和精神文明建设中承担着重要职能。行业产品质量大幅提升，品种越来越丰富，已基本满足国内各行各业对纸张的需求，为我国的经济发展、社会建设及人民生活做出了不可替代的贡献。

目前，"资源、结构和环保"已经成为造纸行业持续健康发展路上的战略瓶颈。国家"十二五"计划规定，加大节能减排，加快产业结构调整，实现低碳、循环、绿色发展是造纸行业发展的根本方向。在过去的 10 年中，环保监管部门通过实施严格的排放标准，加强对企业的排放指标监管，实施排污许可证制度，清除落后产能。与此同时，造纸行业响应中央绿色发展的号召，采用新技术、新设备，按照"十三五"《轻工业发展规划（2016—2020 年）》，积极践行绿色发展、绿色制造，用科技创新守护绿水青山。通过几代造纸人的努力，造纸行业对水污染控制技术已逐步完善，造纸行业万元工业产值新鲜水用量由 2005 年的 183.0 t 降至 2015 年的 40.6 t，万元工业产值化学需氧量（COD）排放强度由 2005 年的 69 kg 降至 2015 年的 4.7 kg，已经成长为资源节约型、环境友好型的现代造纸工业，终于摘掉了困扰造纸人几十年的"污染大户"黑帽子。

为进一步降低造纸行业废水总量和特征污染物的排放，对制浆造纸废水污染从全过程的输运、分布及状态进行深入解析，为全过程治理水污染奠定坚实的基础。同时，通过对水污染控制技术的综合量化评估，为制浆造纸行业水污染控制寻找合适的处理技术。本书总结了制浆造纸全过程水污染控制技术、梳理"水专项"相关技术，并对制浆造纸行业水污染控制技术进行展望，以节水减排和清洁化生产为指引，以废水深度处理并回用为目标，结合国外先进水处理技术，构建适合于行业的、先进的全过程水污染控制技术指导性文件，以满足制浆造纸行业水污染清洁化治理的需要。

全书共 4 章，编写分工如下：第 1 章由王淑梅、王晨、蔡慧、刘琪执笔，第 2 章由陈务平、程金兰、王晨和刘琪执笔，第 3 章由朱文远、徐峻、蔡慧执笔，第 4 章由童国林、朱文远执笔。金永灿教授对全书提供了建设性意见并提供了相关资料。朱文远对全书进行了统稿。

本书第 3 章制浆造纸行业重大水专项形成的关键技术发展与应用所涉及的所有技术内容和知识产权归研发单位和研发人员所有，本书仅引用相关技术内容。本书得到了水专项"重点行业水污染全过程控制技术集成与工程实证"独立课题之子课题"重点行业水污染全过程控制技术系统与应用项目之重点行业水污染全过程控制技术集成与工程实证课题（2017ZX07402004）"的资助。

华南理工大学教授陈克复院士对全书进行认真审阅，并提出诸多宝贵意见，在此致以最真挚的敬意！

由于现代制浆造纸科学与技术发展迅速、笔者水平有限、时间仓促，书中存在不妥之处在所难免，请同行和读者批评指正。

编　者

2020.12

目　录

附录

1 制浆造纸行业水污染特征与控制技术需求

1.1 制浆造纸行业概况

制浆造纸工业是以木材、稻麦草、竹子、芦苇、甘蔗渣、棉秆、棉秸、麻秆等为原料,通过化学、机械或者化学机械等方法生产纸浆,再以纸浆为原料生产各种纸及纸板的工业。当今世界各国已将纸及纸板的生产和消费水平作为衡量一个国家现代化水平和文明程度的重要标志之一。它包括纸浆制造业、制造纸和纸板业,以及生产涂层、上光、上胶、层压等加工纸及纸板的加工纸制造业几个方面。

制浆造纸行业是与国民经济和社会事业发展关系密切的重要基础原材料产业,具有可持续发展的特点,也是重要的民生产业,承担着繁荣市场、增加出口、扩大就业、服务"三农"的重要任务,在经济和社会发展中发挥了重要作用。造纸产业具有资金技术密集、规模效益显著的特点,其产业关联度强,市场容量大,是拉动林业、农业、印刷、包装、机械制造等产业发展的重要力量,已成为我国国民经济发展的新的增长点,是我国国民经济中科技含量高的循环经济产业,在国民经济中占有举足轻重的地位。

纸张产品广泛用于文化传播、包装、装潢、工农业生产、国防建设和人民生活等各个领域,在促进物质文明和精神文明建设中承担着重要职能。产品质量大幅提升,品种越来越丰富,已基本满足国内各行各业对纸张的需求,为我国的经济发展、社会建设及人民生活做出了无可替代的贡献。

随着造纸工业的发展,制浆造纸产生的废水排放量也增多,造成大量资源浪费和环境污染,给环境带来巨大压力。随着水资源的紧缺,国家各项环保政策法规相继出台,对造纸行业提出更为严格的环保要求,开展造纸工业节水与水污染控制技术研究,提高水资源利用率已迫在眉睫。

1.1.1 世界造纸工业历程概述

造纸历史发展悠久,世界造纸工业历程大致可分为以下几个阶段。

①公元105年，蔡伦在总结前人经验的基础上发明了造纸方法，此后的1600多年，造纸停留在手工阶段，产量极低。

②18世纪和19世纪随着造纸技术的"五大革新"，这些革新导致造纸的机械化和制浆的化学化，为现代造纸工业奠定了发展基础。

③进入20世纪后，随着制浆造纸技术的飞速发展，其间主要技术成就有：化学品回收技术、连续蒸煮、连续漂白、连续打浆、夹网造纸机等，到20世纪末，世界纸和纸板产量达到3.09亿t，年产超过100万t的国家和地区达32个。

④从2000年至今，随着发展中国家的崛起，纸和纸板的年产量从2000年的3.24亿t到2018年的4.1972亿t，中国纸和纸板生产量名列首位，美国、日本分别居第2位和第3位。中国、美国和日本的生产量分别为1.0435亿t、7206万t和2607万t，全球纸浆产量也维持在1.87亿t左右。北美洲纸浆总产量占全球纸浆总产量的34%，欧洲和亚洲纸浆总产量分别占全球纸浆总产量的25%和22%。2018年美国、巴西和中国是纸浆生产量最多的3个国家，其纸浆总产量分别是4714万t、2115万t和1785万t。

1.1.2 中国造纸工业历程概述

造纸术是我国古代四大发明之一，是推动人类文明进步的一项伟大贡献。公元105年东汉和帝元兴元年，蔡伦发明了造纸术。蔡伦用植物纤维原料，经过备料、蒸煮、舂捣、捞纸、压榨和干燥等加工工序，抄出由纤维自由交织而成的纸，奠定了植物纤维纸及其制造工艺技术的基础。我国在漫长的封建社会中，长期应用手工造纸。当时，由于需要大量纸张，手工纸不但产量增多，质量提高，也增加了花色品种；同时，还使用了多种造纸原料，发展了各种纸加工技术。

我国机制纸出现较晚，1894年我国才有第1家机制纸厂，且发展缓慢。新中国成立前，中国造纸工业不仅产量不高，而且品种少，主要靠进口。在1949年新中国成立时，我国机制纸产量仅为10.8万t。

新中国成立后，在1953—1957年的第一个五年计划期间，国家把造纸工业作为轻工业建设的重点之一。投资建成14个项目，新增纸和纸板生产能力24.9万t，建成一批生产新闻纸和工业技术用纸的骨干企业。1957年纸和纸板产量达到91.3万t，产品自给率由1952年的72.6%提高到1957年的

95.3%。但后续由于历史原因，我国造纸行业发展比较缓慢，到1978年纸和纸板产量达到438.7万t。

改革开放以后，我国造纸工业认真贯彻"调整、改革、整顿、提高"的方针和改革开放一系列政策，中国造纸工业蓬勃发展、迅速崛起。2000年，中国造纸业年产量为3050万t，居世界第3位；2009年，中国造纸业年产量为8640万t，10年翻了近3倍，成为世界第一造纸大国。到2018年，中国已成为世界纸业生产消费和贸易大国，纸和纸板生产量为1.0435亿t，如图1-1所示。纸浆产量4714万t。

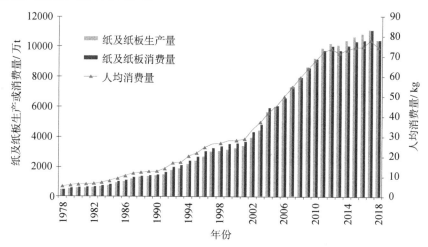

图1-1　1978—2018年中国造纸工业纸及纸板生产和消费情况

2018年纸及纸板各品种消费量占总消费量的比例如图1-2所示。

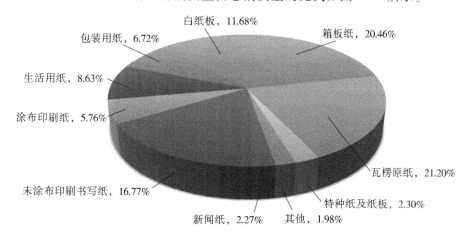

图1-2　2018年纸及纸板各品种消费量占总消费量的比例

1.1.3 中国造纸行业分布趋势及整体特点

根据中国造纸协会调查资料，2018 年我国东部地区 11 个省（市），纸及纸板产量占全国纸及纸板产量的 74.2%；中部地区 8 个省占 16.3%；西部地区 12 个省（区、市）占 9.5%（图 1-3）。而在省份格局上，广东、山东及浙江为主要产区。2018 年广东、山东、浙江、江苏、福建、河南、湖北、安徽、重庆、四川、广西、湖南、天津、河北、江西、海南和辽宁 17 个省（区、市）纸及纸板产量超过 100 万 t，产量合计 10 047 万 t，占全国纸及纸板总产量的 96.28%。

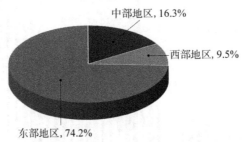

图 1-3 2018 年纸及纸板生产量区域布局

我国 20 强企业总部或主要生产基地基本上都是分布于经济发达的华东和华南沿海地区，区位优势特点还是比较明显。山东、广东、江苏依然是上榜企业较多的地区，山东是 20 强分布最多的省份，有 6 家企业；江苏、广东分别各有 4 家和 3 家企业入围。同时，20 强企业大多实行了集团化管理和跨地域性投资布局，各自的生产基地布局互有交叉。例如，晨鸣、华泰在广东有生产基地，维达、恒安、中国纸业在山东有生产基地，博汇、玖龙、理文等在江苏有生产基地等，地域性特征越来越模糊。大企业集团各自的生产基地除了集中分布在经济发达、人口密集、交通便利的珠三角、长三角和环渤海经济带外，中部（湖南、湖北、安徽、江西）和西南（四川、重庆、贵州、广西）等地亦有生产基地或项目投资建设。有关部门已确定未来行业布局应为适应性资源型布局，即逐步加快向纤维原料资源丰富的地区转移。黑龙江、内蒙古、吉林、福建、江西、广西、广东等省（区）扩建和改造了以木材为主要原料的重点造纸企业；广东、广西利用蔗渣资源改造现有企业；在河南、河北、山东、江苏、安徽等麦草资源丰富的地区，改造一批重点造纸企业，使它们规模化。从总体布局看，东部地区产量比重有所下降，中西部地区产量比重在上升。

造纸工业是国民经济的基础产业之一，与社会经济发展和人民生活息息相关，是国际公认的"永不衰竭"的工业。我国造纸行业经过多年发展，造纸产量和行业技术均有较大提升，整体特点如下。

①造纸工业的产品纸张（包括纸和纸板）是传播文化的重要载体，商品流转重要的包装和宣传材料，其消费量随社会文化与经济的发展而同步增长。近几十年的历史经验表明，世界各地区人均纸张消费量与其人均 GDP（国内生产总值）呈正相关关系，造纸工业是一个需要与国民经济的发展同步稳定增长的传统产业。纸张的消费和生产水平也代表着一个国家和地区文化经济的发展水平，使造纸工业成为一种不可忽视的产业。

②现代造纸工业是一种关联性很强的产业，是高新技术武装的技术密集型产业。现代制浆造纸是由化学、化工、林学、机械、材料、电子、企业管理、热工、环境、信息科学等 10 多个领域的技术组成的复杂系统。它的发展能带动浆纸生产装备的专业机械制造业、造纸专用化学品制造业。现代造纸工业主要以木材为原料，从而带动了林业的发展。

③纸张是印刷、包装产业的重要原材料，造纸、印刷、包装 3 种产品的发展，存在相互依存和相互促进的紧密关联作用。现代造纸工业对能源交通运输有较大需求，因而其发展既依赖也将促进能源交通运输的发展。

④现代造纸产业也是一种规模效应比较显著、技术要求较高的资金密集型产业。制浆造纸产业属于单位产品收益率较低、投资回收期较长的产业，进入的门槛较高，缺乏技术与资金较难于立足的竞争性很强的产业。

⑤受资源约束，造纸工业属于原材料工业，对纤维来源的依赖性极高，目前市场上制浆造纸的主要原料资源都依赖进口，有些国家森林的覆盖率非常高。原料问题是我国造纸发展的软肋，也是今后相当一段时间制约我国造纸工业发展的主要问题之一。

近年来，国内龙头企业加快了海外投资的步伐，特别是废纸进口新政的实施和国内需求的下降，以及国际贸易争端频发，已积累了一定实力的大企业开始以全球战略思维来进行新的投资布局，以更好地实现原料和产品在全球范围内的资源优化配置。这也是中国造纸企业成长成熟的体现。

1.1.4　造纸行业供给侧与产能趋势分析

世界造纸工业技术发展迅速，但由于受资源、环境和效益等方面的影响，着眼于节能节水、降耗减排、保护环境、提高产品质量和经济效益，已经成为全球造纸工业发展的重点。生产清洁化、资源节约化、林纸一体化和产业全球化已成为世界造纸工业不断追求的发展目标。目前，资源、结构和环保已成为制约造纸行业持续健康发展的战略瓶颈，国家"十二五"计划规定，造纸行业要加大节能减排，加快产业结构调整，实现低碳、循环、绿色发展是造纸行业发展的根本方向。

我国造纸行业在黄金十年（2000—2010 年）阶段所积累的一些问题开始集中爆发，如原材料进口依赖度高、产品结构不均衡、高端纸品依赖进口、国内废纸回收系统不完善等问题。在国内，无论是生产纸箱用纸还是新闻纸，都需要大量废纸作为原材料。但由于国内回收上来的废纸十分有限，不少造纸厂长期依靠价格更低的进口废纸。目前，废纸利用率已经达到世界较高水平，但废纸回收率增长较慢，仍处于世界较低水平，原材料仍然是未来制约我国造纸发展的主要瓶颈。随着供给侧改革和产业结构调整，部分产品产能结构性过剩问题将进一步改善。随着环保政策的细化和部分地区产业结构的调整、区域结构、产品结构和市场结构的一些变化将为部分企业带来商机和发展机遇，同时加速行业洗牌。

造纸行业未来的发展趋势如下。

①生产规模保持稳定，产业结构持续优化。我国造纸工业在经历了高速发展，实现生产量和消费量均过亿吨后，进入了行业调整阶段。纸和纸板生产量还会适当增长，但增幅不会太高，产品质量和效益会有新的提高，因此，结构优化调整和产业升级是未来的主要发展趋势。"十三五"期间，造纸行业发展总体是以企业内部结构调整为主，市场总体平稳。项目建设以环保、高效和资源节约为主，达到技术经济的最优化，不以追求设备先进（引进）或纸机的宽幅、高速为目标。新建生产线将会大幅减少，项目建设以技术改造为主。

②清洁生产和节能减排效果将更加明显。环境保护部将火电和造纸行业作为新环保政策的试点行业，优先实施更严格的监管制度，即试行重点企业环境保护实施排污许可证管理制度，对企业的排污实行排污许可"一证式"管理。我国造纸行业将面临更加严格的环境保护压力，此政策也将推动更多的企业考虑环保技改和资源利用项目，如控制废水可吸收有机卤化物（AOX）、总氮和总磷，大气氮氧化物（NO_x）和恶臭污染物，处理固体废物等项目；资源利用方面的生物质气化、甲醇提取、非工艺元素去除、木质素

产品和其他制浆副产品开发等项目。这类项目的建设将进一步推进造纸行业新技术应用、技术进步和跨领域合作，引领我国造纸行业技术水平上升一个新台阶，行业节能减排、清洁生产达到一个新高度。

1.1.5 造纸行业用水现状

造纸行业历来是用水量大的行业。制浆造纸工业的整个生产过程都与水资源是分不开的，从原料的洗涤蒸煮，浆料的洗涤筛选，到纸机上的抄纸、干燥，以及该过程的物料运输、设备冷却等，都需要大量的水资源。这其中有的步骤可用回收水，但有的部分必须使用新鲜水。造纸工业的用水量巨大且废水污染成分复杂，污染程度相对较重，而我国水资源匮乏，这两者之间形成了不小的矛盾，对于制浆造纸行业的发展有着很大的制约性。也正是因为如此，造纸的用水问题受到了人们的普遍关注。

2012 年制浆造纸及纸制品业统计企业 5235 家，用水总量为 121.30 亿 t，其中新鲜水量为 40.78 亿 t，占工业总耗新鲜水量 472.12 亿 t 的 8.64%；重复用水量为 80.51 亿 t，水重复利用率为 66.37%；万元工业产值（现价）新鲜水用量为 57.2 t。

根据环境保护部统计，2014 年造纸和纸制品业（统计企业 4664 家，比上年减少 192 家）用水总量为 119.65 亿 t，其中新鲜水量为 33.55 亿 t，占工业总耗新鲜水量（386.34 亿 t）的 8.68%。万元工业产值（现价）新鲜水用量为 46.2 t，比上年减少 2.7 t，降低 5.5%。由表 1-1 上可以看出，随着技术进步和管理水平的提高，我国造纸工业单位产品消耗水量逐渐减少。

表 1-1　2004—2014 年新鲜水用量数据

年份	2004	2005	2006	2007	2008	2009	2010	2011	2012	2013	2014
新鲜用水量/亿 t	37.3	42.5	44.0	48.8	48.84	46.59	46.15	45.59	40.78	34.5	33.55
万元产值新鲜用水量/t	188.3	183.0	152.5	124.1	94.0	107.8	89.6	67.4	57.20	48.9	46.2

近年来，随着我国加快工业行业推行清洁生产，以及排放限值的进一步严格，国家对单位造纸产品的水耗也提出了新的指导性意见。2012 年，国家质量监督检验总局和国家标准化委员会提出并组织编制了新的工业产品取水定额标准《取水定额第 5 部分：造纸产品》GB/T 18916.5—2012，该标准对

2013 年之后新建造纸企业的取水定额进行了新的限定（表 1－2）。与 2002 年相比，取水定额变化最大的为漂白化学浆。以漂白化学非木浆为例，1998 年前的老厂取水定额为 210 m^3/t 浆，1998 年之后新厂取水定额为 130 m^3/t 浆，到 2013 年，所有老厂的取水定额均需要达到这一标准；2013 年之后，这一取水定额又降至 100 m^3/t 浆，不到最初值的一半，下降了 52%；同样，漂白化学木（竹）浆，取水定额也从 150 m^3/t 浆减少至 70 m^3/t 浆，减少了 80 m^3/t 浆，下降幅度非常明显。

表 1－2　新建造纸企业单位产品取水定额指标

产品名称		单位造纸产品取水量/（m^3/t）
纸浆	漂白化学木（竹）浆	70
	本色化学木（竹）浆	50
	漂白化学非木（麦草、芦苇、甘蔗渣）浆	100
	脱墨废纸浆	25
	未脱墨废纸浆	20
	化学机械木浆	30
纸	新闻纸	16
	印刷书写纸	30
	生活用纸	30
	包装用纸	20
纸板	白纸板	30
	箱纸板	22
	瓦楞原纸	20

注 1：高得率半化学本色木浆及半化学草浆按本色化学木浆执行；机械木浆按化学机械木浆执行。

注 2：经抄浆机生产浆板时，允许在本定额的基础上增加 10 m^3/t。

注 3：生产漂白脱墨废纸浆时，允许在本定额的基础上增加 10 m^3/t。

注 4：生产涂布类纸及纸板时，允许在本定额的基础上增加 10 m^3/t。

注 5：纸浆的计量单位为吨风干浆（含水 10%）。

注 6：纸浆、纸、纸板的取水量定额指标分别计。

注 7：本部分不包括特殊浆种、薄页纸及特种纸的取水量。

注：该表引自 GT/T 18916.5—2012。

　　2015 年，国家重新修订出台了《制浆造纸行业清洁生产评价指标体系》，依据综合评价所得分值将清洁生产等级划分为三级：Ⅰ级为国际清洁生产领先水平；Ⅱ级为国内清洁生产先进水平；Ⅲ级为国内清洁生产基本水平；在这一文件中，对造纸产品提出了更为严格的单位产品水耗的指标（表 1 - 3）。从表 1 - 3 中的数据可以看出，代表国际领先水平（Ⅰ级基准值）的漂白硫酸盐木（竹）浆取水定额分别仅为 33 m³/t 浆和 38 m³/t 浆，较 GB/T 18916.5—2012 的规定值减少了一半；对于漂白化学非木浆则降低了 20%。对于非脱墨废纸浆，Ⅰ级基准值的取水定额只有 5 m³/t 浆，只有 GB/T 18916.5—2012 规定值 20 m³/t 浆的 1/4，降幅最为显著（图 1 - 4）。

表 1 - 3　《制浆造纸行业清洁生产评价指标体系》规定的取水定额

单位：m³/t

产品名称		Ⅰ级	Ⅱ级	Ⅲ级
纸浆	漂白硫酸盐木（竹）浆	木浆	33	38	60
		竹浆	38	43	65
	本色硫酸盐木（竹）浆	木浆	20	25	50
		竹浆	23	30	50
	漂白化学非木浆	麦草浆	80	100	110
		蔗渣浆、苇浆	80	90	100
	非木半化学浆	碱法制浆	60	70	80
		亚铵法制浆	45	55	70
	脱墨废纸浆		7	11	30
	未脱墨废纸浆		5	9	20
	化学机械木浆	APMP	13	20	38
		BCTMP	13	20	38
纸	新闻纸		8	13	20
	印刷书写纸		13	20	24
	生活用纸		15	23	30
	涂布纸		14	19	26
纸板	白纸板		10	15	26
	箱板纸		8	13	22
	瓦楞原纸		8	13	20

　　造纸行业不断加大林纸一体化建设、引进和研发新的节能减排技术、加快淘汰落后产能等有效措施，造纸行业在节水工作方面取得了显著进步与成

效。特别是新建和改扩建的大、中型项目，普遍采用了当今国际和国内先进成熟的技术和装备，淘汰了一大批高能耗、耗水的落后工艺、技术和装备。目前，在中国运行的部分先进新闻纸机和文化用纸纸机新鲜水取水量已不到 10.0 m³/t 纸，有的甚至达到更低的水平。图 1-4 为 2006—2016 年我国制浆造纸工业吨产品新鲜水用量，显示了我国近年来在节水方面取得的显著进步，吨产品平均用水量已由 2006 年的平均 67 m³ 减少至 2016 年的 20.90 m³，在全球主要造纸国家中，用水量处在低用水量的国家行列（图 1-5）。

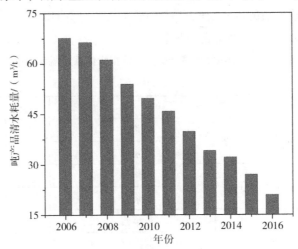

图 1-4　2006—2016 年我国制浆造纸工业吨产品新鲜水消耗情况

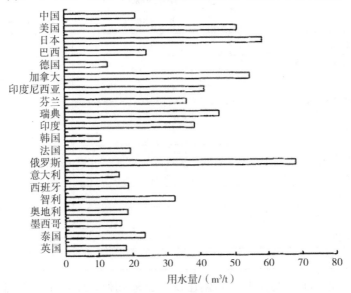

图 1-5　主要造纸国家的吨纸用水量

1.1.6 制浆造纸工业水污染物排放情况

造纸行业单位产品生产废水量大，化学制浆企业中非木浆生产过程中每吨产品产生 50~60 m³ 废水（表 1-4），每吨木浆产生 COD 45~210 kg、BOD 15~75 kg、SS 9~120 kg、AOX 0.3~7.5 kg（表 1-5）。而且造纸行业在我国分布较广，污染排放源性质差异较大，处理难易程度各不相同，且大部分处于环境敏感区或水资源匮乏地区，企业发展与资源环境约束之间的矛盾非常突出，环境污染形势严峻。造纸行业的污染负荷对各流域的贡献各有不同。在淮河流域，造纸、化工、农副三大行业的污染负荷分别占流域工业 COD 排放的 56.5% 与氨、氮排放的 69.5%（图 1-6）。因此，加强造纸行业的水污染控制，对重点流域水质改善具有极其重要的意义。

表 1-4　典型制浆造纸企业单位产品生产废水量

单位：m³/t 产量

制浆方法类别	制浆			造纸
	木浆	非木浆	废纸	
化学浆	20~60	50~60	—	—
化学机械浆	10~30	15~40	—	—
机械浆	5~20	10~30	—	—
其他	—	—	5~30	8~40

注：①纸浆量以绝干量计；②单位产品废水量制浆企业以自产浆为依据，造纸企业以外购商品浆为依据，制浆造纸联合企业以自产浆和外购商品浆的和为依据。

表 1-5　典型制浆造纸企业单位产品污染物产生量

单位：kg/t 浆

制浆方法类别		污染物产生量			
		COD	BOD	SS	AOX
化学浆		45~210	15~75	9~120	0.3~7.5
化学机械浆		65~160	15~35	30~50	0~0.2
机械浆		20~100	12~36	15~40	—
其他	非脱墨	15~30	5~12	8~15	—
	脱墨	25~65	8~20	10~25	0~0.2

注：①污染物产生量指标木浆索取中低值，非木浆取高值；②化学浆指标为经化学品

或资源回收后的污染物产生量指标;③化学机械浆指标为高浓度制浆废水未进行蒸发燃烧处理的污染物产生量指标。

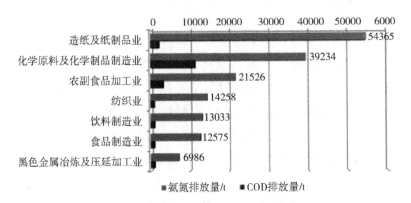

图 1-6 淮河流域主要行业 COD、氨氮排放量

行业水污染物排放标准制定及执行的情况,对于行业污染物的排放控制起着至关重要的作用。1983 年,国家首次发布《造纸工业水污染物排放标准》GB 3544—1983,1992 年第一次修订,2001 年第二次修订,2003 年 9 月由国家环境保护总局发布公告对 GB 3544—2001 的部分内容进行了修订。2008 年,环境保护部颁布了最新的标准《制浆造纸工业水污染物排放标准》GB 3544—2008(表 1-6)。新标准取消了按不同木浆和非木浆来划分的排放标准,而是按企业生产类型划分为制浆企业、制浆和造纸联合企业、造纸企业;同时规定了制浆造纸工业废水中污染物的排放限值、监测和监控要求,以及水污染物排放的基准排水量,并大幅降低了 COD、BOD(五日生化需氧量)、SS(悬浮物)的排放指标,增加了色度、AOX、氨氮、总氮、总磷及二噁英等污染物的排放限值,同时新标准将 AOX 指标调整为强制执行指标。标准中明确要求,造纸企业排放废水 COD 不得高于 80 mg/L、BOD 不得高于 20 mg/L、SS 不得高于 30 mg/L(表 1-7)。国内制浆造纸行业以污染物排放浓度(mg/L)作为主要考核标准,同时也规定了基准取水量和排放限值。国外都以单位污染排放负荷(即 kg/t 成品)作为考核标准,且主要以限制 BOD 排放量为主,根据相关资料介绍,经过标准换算,国内制浆企业 BOD 排放限值为 0.4 kg/t,欧盟为 1.0~2.0 kg/t,美国为 5.0~8.0 kg/t;国内制浆造纸联合企业 BOD 排放限值为 0.2~0.4 kg/t,欧盟为 0.5~1.0 kg/t,美国为 1.8~3.0 kg/t。

表 1-6 以往造纸工业污染物排放标准中关于排水量的比较

单位:m³/t

编号	规模/(t/d)	现有						新、扩、改					
		木浆		非木浆		造纸		木浆		非木浆		造纸	
		本色	漂白	本色	漂白	木	非木	本色	漂白	本色	漂白	木	非木
GB 3544—1983	≥100	110	200	130	220	50	70	90	180	110	200	40	60
	100~30	130	220	150	240								
	<30	150	240	170	260								
GB 3544—1992	≥100	190	280	230	330	70	70	150	240	190	290	60	60
	<100	220	320	270	370	80	80						
GB 3544—2001								150	220	100	300	60	60

表 1-7 现行造纸工业污染物排放标准中对废水排水量的要求

单位: m³/t

企业生产类型	制浆企业		制浆和造纸联合企业	造纸企业
	木浆为主	非木浆>60%		
基准排水量	50	80	40	20
特别排放限值	30	—	25	10

造纸工作者经过多年不懈努力，特别是进入 21 世纪以来，我国造纸行业加大了污染治理资金及技术投入，水污染防治已经取得了巨大的成绩，虽然纸及纸板产量逐年增加，但废水排放量和 COD 排放总量却持续逐年降低，效果显著；万元 COD 排放强度更是显著降低，由 2002 年的 121 kg/万元降为现在的 5 kg/万元，降低了 96%（图 1-7）。另外，根据国家最新发布的《中国环境统计年报》（表 1-8 和表 1-9），2011—2015 年在四大重点排污行业里，造纸行业的废水和 COD 排放是下降最快的，废水排放年平均下降 10.2%，COD 排放年平均下降率高达 29.9%。由此可见，造纸工业在废水减排方面取得了长足进步。但需要注意的是，我国幅员辽阔，地区发展不平衡现象较严重，西部地区造纸产能占比不到 10%，但排放强度大，吨纸化学需氧量排放量为14.8 kg,分别是东部地区和中部地区的 5.9 倍和 2.1 倍。另外，我国小型造纸企业数量占比很大，部分小型造纸企业为节约运行成本，减少环保相关

投入，部分造纸设备、工艺落后，甚至无废水处理设施，对这类小造纸企业要继续实行关、停、并、转，淘汰落后产能。总之，只有继续进行结构调整，提高资源综合利用效率，才能实现造纸行业整体产业升级和节能减排，推动我国造纸行业逐步走向绿色发展之路。

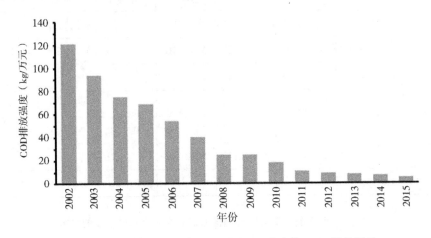

图1-7 2002—2015年造纸行业万元工业产值COD排放强度

表1-8 重点行业废水排放情况

单位：亿t

年份	合计	造纸和纸制品业	化学原料和化学制品制造业	纺织业	煤炭开采和洗选业
2011	105.4	38.2	28.8	24.1	14.3
2012	99.6	34.3	27.4	23.7	14.2
2013	90.8	28.5	26.6	21.5	14.3
2014	88.0	27.6	26.4	19.6	14.5
2015	82.6	23.7	25.6	18.4	14.8
年变化率	-6.1%	-10.2%	-7.2%	-6.1%	2.1%

注：自2011年起，环境统计按《国民经济行业分类》GB/T 4754—2011标准执行分类统计，下同。

表1-9 重点行业COD排放情况

单位：万t

年份	合计	造纸和纸制品业	农副食品加工业	化学原料和化学制品制造业	纺织业
2011	191.5	74.2	55.3	32.8	29.2
2012	173.6	62.3	51.0	32.5	27.7
2013	158.0	53.3	47.1	32.2	25.4
2014	149.4	47.8	44.1	33.6	23.9
2015	128.9	33.5	40.1	34.6	20.6
年变化率	-13.7%	-29.9%	-9.1%	3.0%	-13.8%

1.2 制浆造纸行业水污染物来源及特征

1.2.1 制浆造纸行业水污染物种类、来源及特征

制浆造纸行业产生的主要污染物主要有以下几种。

（1）化学需氧量

化学需氧量（COD）是指在规定条件下，水样中易被强氧化剂氧化的还原性物质所消耗的氧化剂量。COD反映了水中受还原性物质污染的程度。水中还原性物质包括有机物、亚硝酸盐、亚铁盐、硫化物等。本书COD数据采用重铬酸盐法。

（2）生物需氧量

生物需氧量（BOD）是指在规定条件下通过微生物的新陈代谢作用降解废水中的有机污染物时，其过程中所消耗的溶解氧量。纤维原料在蒸煮漂白和抄造工艺过程中，半纤维素降解后成为BOD的主要来源。废水中BOD越多，在微生物的作用下大量消耗水中的溶解氧，因此耗氧量就越大。当耗氧速度大于水表面溶解氧的速度时，就会出现水体缺氧现象，从而破坏水体氧的平衡，使水质恶化。本书BOD数据采用5日生化处理测量值。

（3）悬浮物

悬浮物（SS）是指废水中所有不能溶解的物质。制浆造纸工业废水中的

悬浮固形物主要是细小纤维、填料、涂料、胶料、树脂酸、松香酸等。细小纤维分解时会大量消耗水中的溶解氧，树脂酸和松香酸则会直接危害水生生物。

(4) 可吸附有机卤化物

可吸附有机卤化物（AOX）指在常规条件下，可被活性炭吸附在有机化合物中的卤族元素（包括氟、氯和溴）的总量（以氯计），是总有机卤化物的一部分。漂白过程中大量的木质素氯化降解产物进入废水中，致使漂白废水中含有大量的可吸附性有机卤化物（AOX）。其具有不可代谢性，非常难以被生物降解，对水体造成严重污染。

(5) 氨氮

制浆造纸废水中氨氮污染物主要来源于 3 种途径：一是制浆造纸原料中本身含有部分氨氮；二是亚铵法制浆工艺过程中投加的含氮化学药品；三是碱法制浆和造纸过程废水及末端处理时采用生化处理工艺，需投加一定量的含氮营养盐类。

(6) 总氮

水体中含有超标的氮类物质时，造成浮游植物繁殖旺盛，出现富营养化状态。其主要来源与氨氮一致。

(7) 总磷

磷是生物生长必需的元素之一，但水体中磷含量过高（如超过 0.2 mg/L），可造成藻类的过度繁殖（成为富营养化），使湖泊、河流的透明度降低，水质变坏。其主要来源于制浆造纸原料中本身含有部分磷，以及制浆造纸过程和污水处理中投加的含磷化学药品。

(8) 二噁英

二噁英是一种无色无味、毒性较强的脂溶性物质，非常稳定，熔点较高，极难溶于水，可以溶于大部分有机溶剂。制浆造纸的原材料植物纤维和回收废纸中通常含有微量的二噁英，在制浆造纸生产过程中进入废水或污泥。含氯漂白剂的漂白过程是制浆造纸行业二噁英产生的最主要来源。

不同的制浆工艺和纸种，由于原料（针叶木、阔叶木或稻麦草等非木材原料）、制浆方法（化学法、化学机械法和废纸制浆），以及不同纸种添加的不同化学药品的差异，都会造成相应企业废水性质有很大差异。制浆造纸过程中的主要工艺流程及排水节点如图 1-8 至图 1-12 所示。

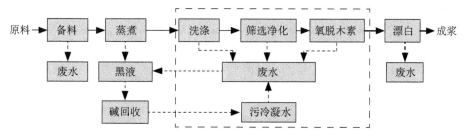

图 1-8　化学法制浆排水节点

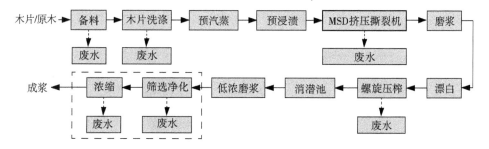

图 1-9　化学机械法（PRC-APMP）制浆工艺过程排水节点

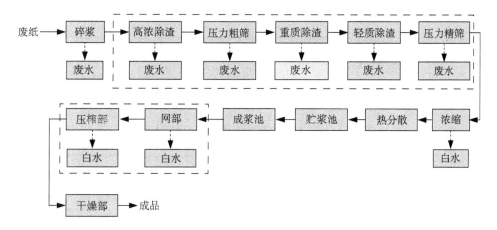

图 1-10　非脱墨废纸制浆工艺过程排水节点

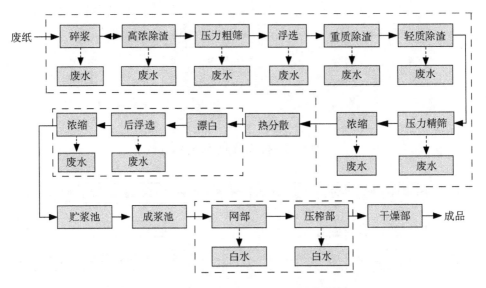

图 1 - 11 脱墨废纸制浆工艺过程排水节点

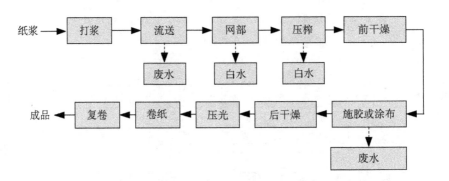

图 1 - 12 机制纸及纸板制造工艺过程排水节点

制浆造纸污染物的各来源复杂,具体来源如表 1 - 10 至表 1 - 13 所示。

表 1 - 10 化学法制浆各工序废水来源和污染物特性

工段	项目	内容
备料	废水来源	木材干湿法剥皮、木片洗涤
	主要污染物	树皮、泥沙、木屑及木材中水溶性物质,包括果胶、多糖、胶质及单宁等
	污染物指标	COD、BOD、SS、氨氮、总氮、总磷

工段	项目	内容
蒸煮	废水来源	碱法蒸煮黑液
	主要污染物	碱法蒸煮：NaOH、Na_2CO_3、有机物钠盐、木质素、碳水化合物降解产物等
	污染物指标	COD、BOD、SS、氨氮、总氮、总磷
洗涤、筛选、净化	废水来源	蒸煮废液提取和浆料洗涤及筛选和净化工序
	主要污染物	残碱或者残酸、溶解性有机物、细小纤维悬浮物等
	污染物指标	COD、BOD、SS、氨氮、总氮、总磷
漂白	废水来源	传统 CEH 漂白、ECF 漂白和 TCF 漂白等工序
	主要污染物	残氯、残酸、氯漂降解木质素、可吸附性有机卤代物等
	污染物指标	COD、BOD、SS、AOX、二噁英、氨氮、总氮、总磷

表1-11　化学机械法制浆各工序废水来源和污染物特性

工段	项目	内容
备料	废水来源	木材湿法剥皮，木片洗涤
	主要污染物	树皮、泥沙、木屑及木材中水溶性物质，包括果胶、多糖、胶质及单宁等
	污染物指标	COD、BOD、SS、氨氮、总氮、总磷
木片洗涤	废水来源	木片洗涤
	主要污染物	泥沙、木屑及木材中水溶性物质，包括果胶、多糖、胶质及单宁等
	污染物指标	COD、BOD、SS、氨氮、总氮、总磷
洗涤、筛选、净化	废水来源	浆料洗涤和浓缩工序
	主要污染物	残碱、溶解性有机物、细小纤维悬浮物等
	污染物指标	COD、BOD、SS、氨氮、总氮、总磷
漂白	废水来源	漂白工序
	主要污染物	残酸、降解木质素等
	污染物指标	COD、BOD、SS、氨氮、总氮、总磷

表 1-12 废纸制浆造纸各工序废水来源和污染物特性

工段	项目	内容
碎浆	废水来源	纤维除杂机，圆筒筛，复式纤维分离机等工序
	主要污染物	泥沙、石子等非纤维杂质、浆渣、纤维束等纤维类杂质
	污染物指标	COD、BOD、SS、氨氮、总氮、总磷
粗筛选和高浓缩净化系统	废水来源	粗筛选工序
	主要污染物	浆渣、纤维束
	污染物指标	COD、BOD、SS、氨氮、总氮、总磷
脱墨系统	废水来源	油墨浮选工序
	主要污染物	油墨、细小纤维悬浮物等
	污染物指标	COD、BOD、SS、氨氮、总氮、总磷
精筛选和低浓净化	废水来源	精筛选和低浓净化工序
	主要污染物	细小纤维悬浮物等
	污染物指标	COD、BOD、SS、氨氮、总氮、总磷
漂白	废水来源	漂白工序
	主要污染物	残酸、降解木质素等
	污染物指标	COD、BOD、SS、氨氮、总氮、总磷
造纸	废水来源	筛选净化排渣废水、多圆盘浓缩白水
	主要污染物	细小纤维、造纸过程添加剂等
	污染物指标	COD、BOD、SS、氨氮、总氮、总磷

表 1-13 机制纸及纸板各工序废水来源和污染物特性

工段	项目	内容
流送	废水来源	上网前除渣和精筛选等工序
	主要污染物	细小纤维、填料、胶料杂质
	污染物指标	COD、BOD、SS、氨氮、总氮、总磷

工段	项目	内容
成型	废水来源	浆料上网脱水成型工序
	主要污染物	细小纤维、填料、胶料杂质
	污染物指标	COD、BOD、SS、氨氮、总氮、总磷
压榨	废水来源	纸机压榨工序
	主要污染物	细小纤维和填料等
	污染物指标	COD、BOD、SS、氨氮、总氮、总磷
干燥	废水来源	纸张干燥过程中蒸发的水和轴承润滑含油废水
	主要污染物	油脂
	污染物指标	COD、BOD、氨氮、总氮、总磷
施胶或涂布	废水来源	施胶或涂布工序
	主要污染物	细小纤维、胶料或涂料等
	污染物指标	COD、BOD、SS、氨氮、总氮、总磷

1.2.2　制浆造纸行业水污染危害及污染控制必要性分析

1.2.2.1　制浆造纸行业水污染的危害

制浆造纸工业废水排水量大、色度高、悬浮物含量大、有机物浓度高、组分复杂。制浆造纸行业水污染的危害主要表现在以下几个方面。

（1）污染物浓度高，尤其是制浆生产废水含有大量的原料溶出物和化学添加剂

化学制浆过程中可利用的原料组分仅仅是纤维素和部分半纤维素，通常50%左右的有机污染物溶解于蒸煮废液中。实际上制浆造纸过程就是一个木质素脱除过程，木质素是制浆造纸过程中化学反应的主要参与者。木质素结构复杂，是一种高分子化合物，其单元间不同性质的连接键和单元上不同性质的功能基的存在，既使其具有一定的化学活性，又使其各部位的化学反应性能呈现出不均一性。尤其是在蒸煮、漂白、脱墨等剧烈的化学反应中，浆料中的木质素及残余抽提物和化学试剂间的反应复杂、产物众多，被认为是

造纸废水中污染物的最主要来源。

（2）难降解有机物成分多，可生化性差，木质素、纤维素类等物质采用生物处理法难以降解

制浆造纸工业的有机污染物绝大多数来源于制浆，可占废水污染的90%以上，造成了严重的环境污染。制浆造纸过程中，即使经过充分的回收利用，仍会有一些纤维物质和非纤维物质排入水体，大量溶于水的组分生化性强，其中包括低分子量的半纤维素、甲醇、醋酸、蚁酸、糖类等，对环境也带来了不同程度的污染，甚至威胁到人类的生命健康。研究普遍认为，造成漂白废水中COD、BOD负荷较大的主要原因是由于废水中有大量的溶解性有机物，它们在水体中的存在，会降低水中的溶解氧，从而危及鱼类及其他水生生物的生存。

（3）废水成分复杂，有的废水含有硫化物、油墨、絮凝剂等对生化处理不利的化学品

制浆造纸废水成分复杂，目前废水毒性研究主要以混合废水为主，而生产过程中产生的废水的毒性评价，以及各个工序段废水中毒性物质的毒性机制，目前还没有人进行全面、详细的研究。纸浆中二苯并二噁英（DBD）、二苯并呋喃（DBF）及吸附在木质素上难提取的DBD/F类化合物来源一是木材本身；二是制浆过程中所使用的化学物质。这些污染物具有生物累积性、难降解性、可远距离传输、致癌致突变性和内分泌干扰等特性。在水环境中滞留时间长，不易进行生化与非生化降解，但是易被某些机体吸收，通过食物链富集。因此，造纸工业废水的排放不仅对环境危害大，更加影响动物和人类的健康，已经引起国际环境保护组织、各国政府和民众的高度关注。

1.2.2.2　制浆造纸行业水污染控制的必要性分析

（1）国家和产业政策的需求

受环境容量制约，我国经济社会发展面临的资源环境约束更加突出，节能减排形势日趋严峻，工作强度不断加大。

2013年，为依法惩治环境污染犯罪，最高人民法院、最高人民检察院联合发布了《关于办理环境污染刑事案件适用法律若干问题的解释》。对有关环境污染犯罪的定罪量刑标准做出了新的规定，进一步加大了打击力度。

2014年，十二届全国人大常委会第八次会议表决通过了新修订的《中华人民共和国环境保护法》，于2015年1月1日起正式实施。该法通过赋予环

保部门直接查封、扣押排污设备的权力，提升环保执法效果，通过设定"按日计罚"机制，倒逼着违法企业及时停止污染，并且在赋予执法权力的同时建立了相应的责任追究机制。

2015年，国务院发布《水污染防治行动计划》，从全面控制污染物排放、推动经济结构转型升级等10个方面开展防治行动。其中针对制浆造纸行业提出了专项治理方案及一系列清洁化改造要求。

《轻工业发展规划（2016—2020年）》提出：加强节能环保技术、工艺、装备推广应用，全面推行清洁生产，走生态文明发展之路，加强水资源综合利用，提高废水、污水处理回用率，在造纸等行业采用清污分流、闭路循环、一水多用等措施，提高水的重复利用率。

随后，国务院印发《中国制造2025》，部署全面推进实施制造强国战略，明确"绿色制造"是未来中国制造重要目标之一，以此加快实现我国由资源消耗大、污染物排放多的粗放制造向绿色制造的转变。

《国民经济和社会发展第十三个五年规划纲要》将资源环境主要污染物排放总量减少列为经济社会发展的主要目标之一。提出主要污染物化学需氧量、氨氮排放分别减少10%，二氧化硫、氮氧化物排放分别减少15%。

不难看出，环保工作现已被提升到前所未有的高度，做好节水减排工作是解决环境问题的根本途径，是减轻污染的治本之策，是实现经济又好又快发展的一项紧迫任务，更是科学发展、社会和谐的本质要求。

（2）生态环境的需求

生态环境为人类活动提供不可缺少的自然资源，是人类生存发展的基本条件。然而与发达国家相似，我国也同样经历了以牺牲环境为代价，换取经济与社会迅猛发展的阶段。其间，大气、水体、土壤、海洋、生态环境都遭到了不同程度的污染。随着国家和社会环保意识的提高，局部环境得到改善，但污染物的排放量仍然处在一个非常高的水平，总体环境继续恶化，生态赤字在逐渐扩大，人与自然、发展、环境的矛盾日趋尖锐。若不改变经济优先的发展模式，必将使人与生态环境的关系遭到持续破坏，为生态环境带来长期性、积累性不良后果，最终威胁人类社会的生存。因此，改善生态环境质量，维护人民健康，是保证国民经济长期稳定增长和实现可持续发展的前提，这是关系人民福祉，关乎子孙后代和民族未来的大事。在改善生态环境的过程中，制浆造纸行业需通过开展节水减排、降低环境污染负荷、保障可持续发展所必需的环境承载能力，维持经济发展和人居环境改善所必需的环境容量。通过实现生态平衡、协调经济与生态的关系，实现人与自然的和谐永续。

（3）人民消费的需求

随着人们生活水平的不断提高和环保意识的增强，消费观念逐渐发生转变，由过去片面追求商品价格开始向绿色消费过渡。中国消费者协会的市场调查显示，绝大多数消费者在购买产品时会考虑环境因素，愿意选择未被污染或有助于公众健康的绿色产品，同时注重产品生产过程的环境友好性。越来越多的人愿意通过主动购买绿色产品的方式，改善环境质量。放眼国际，更是有80%以上的欧美消费者，购物时将环境保护问题放在首位，并愿意为环境清洁支付较高的费用。显然，绿色消费模式改变了以往只关心个人消费，漠视社会生活环境利益的倾向。崇尚自然、追求健康、注重环保、节约资源的消费方式进入更多人的生活，它已成为一种全新的消费理念，逐渐为公众所接受。

绿色消费既是一种行为选择，也是一种消费理念，更是未来的发展方式和消费模式，国内外消费者对绿色环保产品的需求越发强烈，制浆造纸行业只有顺应市场发展要求，积极推广绿色生态制浆造纸认证，使造纸产品满足消费者绿色消费需求，赢得市场的认可，才能在未来激烈的市场竞争中占有一席之地的同时，取得低碳环保和行业发展的双赢。

1.2.3 制浆造纸行业水污染控制存在的问题

1.2.3.1 工艺技术与装备

制浆造纸是一种传统工业，就目前我国发展水平而言，正处于技术更新、产品升级的阶段，从只注重产品技术向产品技术与清洁生产技术并重的过程跃进，在这一发展过程仍存在一些问题：在清洁技术开发和应用方面，产学研的合作广泛性和深度仍需进一步加强；清洁生产技术之间及清洁生产技术与常规技术之间的工艺平衡研究；急需加强各项单元清洁生产技术的集成链接验证、调试和完善，使清洁生产技术真正转化为有效益的技术。

虽然近几年来，国内在制浆造纸装备方面取得了突飞猛进的发展，但环保设备的开发和使用落后于工艺技术的发展水平，直接制约了制浆造纸新技术的推广使用。除了部分适合我国国情的非木纤维制浆技术及装备已具备国际先进水平外，我国制浆造纸技术装备的研究、开发、制造总体水平仍然需进一步提高。国内造纸企业与制浆造纸装备制造企业未能成为研发的主体，产、学、研、用未能形成合力，自主创新、集成创新和引进消化吸收再创新的能力很弱。技术水平与国外相比差距很大，大型先进制浆造纸技术装备几乎完全依靠进口。

1.2.3.2 材料

我国造纸工业未来的发展仍将很大程度依赖进口纤维原料，世界纤维原料的供应量和供应价格必将在相当程度上影响我国造纸工业的发展，切实保障纤维原料供应是我国造纸工业持续高速发展的关键。因此，积极推进林纸一体化，提高国内废纸回收率和科学合理利用非木材纤维，力争大幅提高纤维原料的自给水平，是我国造纸工业发展面临的迫切任务。

纵观我国历年来对废纸进口的政策，可以发现，我国对进口废纸的把控逐步趋严。早在 2015 年《进口废物管理目录》的调整方案将废纸列入限制进口类商品，同时进口资质的审批权限由国家环保部下放到省级环保部门。2017 年 7 月 18 日，国务院办公厅正式印发《禁止洋垃圾入境 推进固体废物进口管理制度改革实施方案》（国办发〔2017〕70 号），该方案调整了《进口废物管理目录》，明确提出禁止进口未经分拣的废纸，以及废纺织原料、钒渣等固体废物。

加大国内废纸回收，提高国内废纸回收率和废纸利用率，合理利用进口废纸。尽快制定废纸回收分类标准，鼓励地方制定废纸回收管理办法，培育大型废纸经营企业，建立废纸回收交易市场，规范废纸回收行为。

1.2.3.3 废水处理

制浆造纸原料众多，工艺复杂，产生的废水成分复杂。目前，木材硫酸盐法制浆的碱回收技术比较成熟，造纸白水逐步实现梯级循环回用技术，综合废水的处理也非常成熟。仍然存在的制约制浆造纸废水处理的问题有：非木材纤维的碱法制浆黑液存在"硅干扰"问题；化机浆预处理黑液浓缩成本高；如何对废水进行分类，有针对性地对废水进行处理。造纸工作者一直在努力研究，在坚持发展的前提下，把"节水、节能、降耗、减污、增效"作为主攻目标，通过实施清洁生产、技术进步，使资源高效利用和循环利用，促进造纸工业实现可持续发展。

1.2.3.4 环境管理

目前，我国制浆造纸行业的环境管理体系尚不健全，企业对环境行为的认知程度和实施能力有待提高，尚处于被动管理阶段，对污染物治理也主要采取末端治理。现阶段大部分企业只关注污水治理，仅有少部分企业高度关注污染源头控制、固体废物减量化和无害化处理、废气污染治理等问题。将生产加工与环境治理分开，这样容易造成污染治理成本高、效率低、事故多等问题。且部分企业的废水处理设施只是流于形式、应对环保检查。

建立和健全制浆造纸行业的环境管理体系，需改变观念，对环境行为有一个科学的认识，制定源头控制、末端治理和生态生产的全过程结合管理方案，推行清洁生产，做到节能降耗，降低生产和环境成本，变被动为主动的环境管理，这样才可达到制浆造纸行业的可持续发展。

1.3 制浆造纸行业相关政策导向及水污染控制难点与关键点

1.3.1 制浆造纸行业水污染标准化发展历程

我国制浆造纸水污染物排放标准是在联合国环境署（工业与环境）排放标准与导则指导下制定和发展起来的。1983 年，原轻工部在充分调研的基础上，编制并发布了《造纸工业水污染物排放标准》GB 3544—1983。这是我国对造纸工业控制污染的第一部有针对性的标准，在造纸行业减轻污染与控制废水排放量方面发挥了一定的作用，也取得了一定的成绩。但是，由于当时各方面的局限性，制定这一标准时主要是参考美国、日本造纸工业水污染物排放的相关标准，这一标准仅确定 SS、BOD、pH 值三项指标，未设重要指标 COD 的限值，且废水排放量只作为参考，也未设具体限值。加上 BOD 检测分析方法所用时间长，与监督执法管理脱节。因此，影响了该标准对控制造纸工业水污染物排放的可操作性，并缺乏有效性，这就影响了我国造纸工业利用水污染物排放标准促进生产工艺与污染防治技术的进步。

随着国民经济的发展和人民生活的提高，我国造纸工业不断发展，制浆造纸企业不断增加，到 1988 年达到 5360 家，其中近 5000 家为小型企业。小型制浆造纸企业一般设备简陋，不具备实施节能减排、清洁生产的经济实力，技术与管理水平低，造成了资源消耗大、污染严重。因此，为了适应我国当时环境保护和执法的要求，原国家环保局于 1988 年 4 月颁发了《污水综合排放标准》GB 8978—1988，其适用范围包括排放污水和废水的各行业，对制浆造纸企业明确 COD、BOD、SS 及废水排放量均作为控制指标，对新建、改建、扩建的企业制定了相对严格的排放限值。例如，对漂白木浆，COD 排放限值为 350 mg/L，废水排放量为 240 m^3/t 浆。

为了更具体的落实国家 GB 8978—1988 标准，1992 年 5 月，原轻工业部经原国家环保局批准专门对造纸工业颁布了《造纸工业水污染物排放标准》GB 3544—1992，进一步加强了对我国造纸工业的环境保护和执法力度。该标准按不同生产工艺，分年限规定了造纸工业水污染物吨产品最高允许排放的废水量和污染物排放量及排放浓度。与 1988 年颁布的 GB 8978—1988 中的造纸部分标准比较，引入了排污总量和 AOX 的排放指标，并允许在排放废水量上可进行调整。另外，对新建、改建、扩建的制浆造纸企业的水污染物排放标准从严，对废水排放Ⅲ类以上水域的企业从严。

在当时，针对《造纸工业水污染物排放标准》这一较严格的造纸废水及污染物排放标准，特别是一级标准，引起了造纸界极大的震动，一些企业处于无法继续生存的境地，特别是麦稻草浆类的非木浆生产企业，由于产能小，实现不了规模效益，废水污染的治理任务相当重，亟待进行结构调整，企业改造升级和实施清洁生产技术，方可得以继续生存与发展。

鉴于严格的《造纸工业水污染物排放标准》，我国造纸行业管理部门一方面提出了技术经济政策；一方面在行业中推广清洁生产技术。明确提出不再支持新建年产 3.4 万 t 以下的禾草浆项目，优先支持年产 5 万 t 以上的竹、芦苇、蔗渣浆项目，年产 3.4 万 t 以上禾草浆项目和 10 万 t 以上木浆项目；规定扩建项目必须做到按排放标准达标排放；碱回收系统或综合利用项目必须与制浆生产线同步开工，否则制浆线不得投产等。在国家的主导政策和推动下，在企业的共同努力下，造纸工业在绿色发展中又取得一定成绩，污染治理效果较明显。可以看出，1992 年颁布的《造纸工业水污染物排放标准》确实起到推动我国造纸工业发展的作用。

进入 21 世纪，我国国民经济迅速发展，国家出口贸易量及人民生活不断提高，促使了我国造纸工业的发展，纸和纸板生产量已从 1979 年改革开放初期的 493 万 t 增长到 1999 年的 2900 万 t，增长了近 6 倍。到 2003 年，纸和纸板总产量已达到 4300 万 t，比 1999 年又增长了近 1.5 倍，而且有继续迅速发展的趋势。在这种情况下，为了行业发展与环境保护协同发展，保护环境，防治水污染，在中国造纸协会推动下，原国家环保局颁布了《造纸工业废水污染物排放标准》GB 3544—2001，该标准是对 GB 3544—1992 的修订。以吨产品负荷为控制基点，以黑液碱回收和废水两级生化处理，并辅以适当的物化处理为技术依托，确定了造纸工业吨产品最高允许污染物排放量。与 1992 年颁布的标准比较，虽然 COD 保持不变，但 BOD、SS 及废水排放量更为严格。

在实施严格的造纸工业水污染物排放标准和落实国家相关法律、法规、行业环保政策下，全国小型制浆造纸企业当时基本都被关、停、并、转。取而代之的是废纸造纸产量迅猛发展，2003 年原国家环保局就《造纸工业水污染物排放标准》中的废纸造纸部分进行了修订，并于 2005 年 1 月起执行。修订后其废水及污染物的排放指标限值进一步严格，这对规范废纸造纸企业、使废纸造纸良性发展产生重大作用。

我国虽是造纸大国，但还不是造纸强国，原料资源问题、环境污染问题及设备落后问题仍很突出，在 2007 年国家发改委颁布 71 号公告《造纸产业发展政策》的指导下，在中国造纸协会的协助下，国家环保部于 2008 年 6 月发布《制浆造纸工业水污染排放标准》GB 3544—2008。该标准控制指标增加了色度、氨氮、总氮、总磷和二噁英。废水及各污染物排放值进一步严格，该标准从 2009 年 5 月起开始执行。强制贯彻实施这一标准不但对我国造纸工业发展产生重大影响，也使我国造纸工业水污染物排放标准进入世界先进水平。新标准的执行冲击我国造纸工业是毋庸置疑的，迫使应用落后工艺的企业改造或关停，迫使制浆造纸企业向大型化模式发展，集中度逐步加大，进一步促使减排降耗及清洁生产技术的实施，造纸工业对环境的污染将大幅减轻。

1.3.2 制浆造纸行业相关法律法规和标准

相关环保政策法规有《中华人民共和国环境保护法》《中华人民共和国水污染防治法》《中华人民共和国清洁化生产促进法》等。相关技术规范及标准有《制浆造纸废水治理工程技术规范》HJ 2011—2012、《制浆造纸工业水污染物排放标准》GB 3544—2008、《控制污染物排放许可制实施方案制浆造纸工业》（国办发〔2016〕81 号）、《排污单位自行监测技术指南制浆造纸工业》HJ 821—2017 等如表 1 - 14 所示。

表 1–14 制浆造纸行业相关法律法规及标准汇总

类别	文件名称	文号或分类号	文件来源	施行时间
法律法规	中华人民共和国环境保护法（修订）	中华人民共和国主席令第9号	第十二届全国人民代表大会常务委员会第八次会议	2015.1.1
	中华人民共和国水污染防治法	中华人民共和国主席令第87号	第十二届全国人民代表大会常务委员会第二十八次会议	2018.1.1
	中华人民共和国清洁生产促进法（修订）	中华人民共和国主席令第54号	第十一届全国人民代表大会常务委员会第二十五次会议	2012.7.1
部门规章	制浆造纸行业清洁生产评价指标体系	2015年第9号公告	国家发展和改革委员会、环境保护部、工业和信息化部	2015.4.22
技术指南	制浆造纸工业污染防治可行技术指南	HJ 2302—2018	环境保护部	2018.3.1
	排污单位自行监测技术指南造纸工业	HJ 821—2017	环境保护部	2017.6.1
技术规范	制浆造纸废水治理工程技术规范	HJ 2011—2012	环境保护部	2012.6.1
	造纸行业排污许可证申请与核发技术规范	环水体〔2016〕189号	环境保护部	2016.12.27
国家标准	制浆造纸工业水污染物排放标准	GB 3544—2008	环境保护部、国家质量监督检验检疫局	2008.8.1
地方标准	太湖地区城镇污水处理厂及重点工业行业主要水污染物排放限值	DB 32/1072—2018	江苏省环境保护厅、江苏省质量技术监督局	2018.6.1
	巢湖流域城镇污水处理厂和工业行业主要水污染物排放限值	DB 34/2710—2016	安徽省环境保护厅、安徽省质量技术监督局	2017.1.1
	污水综合排放标准	DB 12/356—2018	天津市环境保护局	2018.2.1
	污水综合排放标准	DB 31/199—2018	上海市环境保护局、上海市质量技术监督局	2018.12.1
	陕西省黄河流域污水综合排放标准	DB 61/224—2018	陕西省生态环境厅、陕西省市场监督管理局	2019.1.29
导则	污染防治可行技术指南编制导则	HJ 2300—2018	环境保护部	2018.3.1

对相关法律法规和造纸行业标准进行简单介绍。

《中华人民共和国环境保护法》（2014 年修订）于 2015 年 1 月 1 日起正式实施。该法通过赋予环保部门直接查封、扣押排污设备的权力，提升环保执法效果；通过设定"按日计罚"机制，倒逼着违法企业及时停止污染，并且在赋予执法权力的同时建立了相应的责任追究机制。

《中华人民共和国水污染防治法》（2017 修订）于 2018 年 1 月 1 日起施行。国家造纸工业水污染物排放标准首次发布于 1983 年，1992 年第一次修订，1999 年第二次修订，2001 年用 GB 3544—2001 替代 GWP B2—1999，2003 年 9 月由国家环保总局发布公告对 GB 3544—2001 部分内容进行了修订。2008 年，环境保护部又颁布了《制浆造纸工业水污染物排放标准》GB 3544—2008。

《中华人民共和国清洁化生产促进法》（2012 年修订）于 2012 年 7 月 1 日起正式实施。该法可促进清洁生产，提高资源利用效率，减少和避免污染物的产生，保护和改善环境，保障人体健康，促进经济与社会可持续发展。

《制浆造纸行业清洁生产评价指标体系》（2015 年第 9 号），本指标体系规定了制浆造纸企业清洁生产的一般要求。本指标体系将清洁生产指标分为六类，即生产工艺及设备指标、资源和能源消耗指标、资源综合利用指标、污染物产生指标、产品特征指标和清洁生产管理指标。本指标体系适用于制浆造纸企业的清洁生产评价工作，本指标体系不适用本体系中未涉及的纸浆、纸及纸板的清洁生产评价。国家发展改革委发布的《制浆造纸行业清洁生产评价指标体系（试行）》（国家发展改革委 2006 年第 87 号），环境保护部发布的《清洁生产标准造纸工业（漂白碱法蔗渣浆生产工艺）》HJ T317—2006、《清洁生产标准造纸工业（漂白化学浆烧碱法麦草浆生产工艺）》HJT 339—2007、《清洁生产标准造纸工业（硫酸盐化学木浆生产工艺）》HJT 340—2008 和《清洁生产标准造纸工业（废纸制浆）》HJ 468—2009 同时停止施行。

《制浆造纸工业污染防治可行技术指南》HJ 2302—2018 规定了制浆造纸业工业废气、废水、固体废物和噪声污染防治可行技术，包括污染预防技术、污染治理技术和污染防治可行技术。该标准自 2018 年 3 月 1 日起实施，随着技术指南的实施，《关于发布〈造纸行业木材制浆工艺污染防治可行技术指南〉等三项指导性技术文件的公告》同时废止。

《排污单位自行监测技术指南造纸工业》HJ 821—2017，本标准提出了制浆造纸工业排污单位自行监测的一般要求、监测方案制定、信息记录和报告的基本内容和要求。

《制浆造纸废水治理工程技术规范》HJ 2011—2012，本标准规定了制浆造纸工业废水治理工程的总体要求、工艺设计、检测控制、施工验收、运行维护等的技术要求。本标准适用于采用化学制浆、化学机械制浆、机械制浆及废纸制浆工艺的制浆和造纸企业的废水治理工程，可作为环境影响评价、可行性研究、设计、施工、安装、调试、验收、运行和监督管理的技术依据。

《控制污染物排放许可制实施方案造纸行业》（国办发〔2016〕81号）。本标准规定了造纸工业排污许可证申请与核发的基本情况填报要求、产排污节点及排放口和许可排放限值确定、实际排放量核算和合规判定的方法，以及自行监测、环境管理台账与排污许可证执行报告等环境管理要求，提出了造纸工业污染防治可行技术要求。造纸行业排污许可证发放范围为所有制浆企业、造纸企业、浆纸联合企业及纳入排污许可证管理的纸制品企业。

《制浆造纸工业水污染物排放标准》GB 3544—2008，本标准对制浆造纸企业或生产设施的水污染物排放管理，分别对直接排放与间接排放中的污染物排放限值、监测和监控要求进行了规定。该标准规定新建制浆企业、制浆和造纸联合生产企业、造纸企业的 COD 排放限值分别为 100 mg/L、90 mg/L、80 mg/L，单位产品基准排水量分别为 50 m³/t、40 m³/t、20 m³/t，增加了氮、磷、色度和二噁英等污染物控制项目，将可吸附有机卤化物（AOX）调整为控制指标，AOX 和二噁英的污染物监控位置位于车间和生产设施排放口。规定了水污染物特别排放限值，排水量和排放浓度限值进一步降低。制浆造纸工业企业排放大气污染物（含恶臭污染物）、环境噪声适用相应的国家污染物排放标准，产生固体废物的鉴别、处理和处置适用国家固体废物污染控制标准。

1.3.3　制浆造纸行业相关技术政策

制浆造纸行业是轻工业中的重要产业，也是国民经济的重要产业，承担着繁荣市场、增加出口、扩大就业、服务"三农"的重要任务，在经济和社会发展中发挥着重要作用。为支持制浆造纸行业的快速、健康发展，国家、地方相继出台了一系列的产业政策，具体如表 1 – 15 所示。

表 1 - 15　制浆造纸行业相关产业政策汇总

序号	发布/实施时间	发布部门	文件名称	文号或分类号
1	2007.10	国家发改委	造纸产业发展政策	2007 年第 71 号
2	2010.2	国务院	国务院关于进一步加强落后产能工作的通知	国发〔2010〕7 号
3	2016.8	工信部	轻工业发展规划(2016—2020 年)	工信部规〔2016〕241 号
4	2017.8	环保部	制浆造纸工业污染防治技术政策	2017 年第 35 号
5	2017.6	工信部	废纸加工行业规范条件(征求意见稿)	—
6	2019.4	国家发改委	产业结构调整指导目录(2019 年本)(征求意见稿)	—

《造纸产业发展政策》要求企业采用清洁生产工艺,从源头防止和减少污染物产生,并采用先进成熟的污染治理技术,使能耗、水耗、污染物排放水平符合准入条件要求。

《国务院关于进一步加强落后产能工作的通知》由国务院办公厅发布,从 2010 年起,淘汰年产 3.4 万 t 以下草浆生产装置、年产 1.7 万 t 以下化学制浆生产线,淘汰以废纸为原料、年产 1 万 t 以下的造纸生产线,据统计,"十二五"期间,为加快转变经济发展方式,促进产业结构调整和优化升级,推进节能减排,全国范围内淘汰了大量落后产能,其中制浆造纸行业 2011—2015 年期间合计淘汰落后产能超过 3400 万 t/a。

《轻工业发展规划 (2016—2020 年)》指出了造纸行业主要发展目标是:推动造纸工业向节能、环保、绿色方向发展。加强造纸纤维原料高效利用技术、高速纸机自动化控制集成技术、清洁生产和资源综合利用技术的研发及应用。重点发展白度适当的文化用纸、未漂白的生活用纸及高档包装用纸及高技术含量的特种纸,增加纸及纸制品的功能、品种和质量。充分利用和开发国内外资源,加大国内废纸回收体系建设,提高资源利用效率,降低原料对外依赖过高的风险。同时提出,"十三五"要以市场为导向,以提高发展质量和效益为中心,以深度调整、创新提升为主线,以企业为主体,以增强创新、质量管理和品牌建设能力为重点,大力实施增品种、提品质、创品牌的"三品"战略,改善营商环境,从供给侧和需求侧两端发力,推进智能和绿色制造,优化产业结构,构建智能化、绿色化、服务化和国际化的新型轻工业制造体系,为建设制造强国和服务全面建成小康社会的目标奠定基础。"十三五"时期是全面建成小康社会决胜阶段，是我国制浆造纸行业发展的动力转换期、结构优化期，是转方式、调结构，全面提升行业发展质量的关键期，推动由"轻工大国"向"轻工强国"转变。

《制浆造纸工业污染防治技术政策》的目标是强化化学需氧量、五日生化需氧量、可吸附有机卤素和二噁英等污染物的防治，实现造纸工业废水、废气、固体废物及噪声等污染源的全面达标排放。

《废纸加工行业规范条件》（征求意见稿）从废纸加工企业设立和布局、加工工艺和装备、资源综合利用效率和能耗、产品质量和职业教育、安全生产和职业健康等方面对废纸加工企业进行了规范，重点对企业的加工规模、质量管理和环保消防安全进行了严格要求，并对申请《废纸加工行业规范条件》的企业条件、申报流程、审批流程和公告办法进行了相应规范。

《产业结构调整指导目录（2019 年本）》（征求意见稿），将制浆造纸行业分为鼓励类、限制类和淘汰类三大类。主要鼓励单条化学木浆 30 万 t/a 及以上、化学机械木浆 10 万 t/a 及以上、化学竹浆 10 万 t/a 及以上的林纸一体化生产线及相应配套的纸及纸板生产线（新闻纸、铜版纸除外）、以非木纤维为原料单条 10 万 t/a 及以上的纸浆生产线建设，清洁生产、循环生产和先进制浆、造纸设备开发与制造、生产与应用等，无元素氯漂白（ECF）和全无氯漂白（TCF）化学纸浆漂白工艺开发及应用。对比《产业结构调整指导目录（2011 年本）》（修正），鼓励类没有变化；限制类中去除了新闻纸、铜版纸生产线；元素氯漂白制浆工艺则从限制类调整到了淘汰类。

2018 年 1 月 7 日，财政部、国家发改委、环保部、国家海洋局等四部门联合下发《关于停征排污费等行政事业性收费有关事项的通知》，正式停征 VOCs 排污收费。从国家和地方公布的政策来看，未来排污"一证式"管理将成为造纸行业环保工作的重点。

重点推进污染防治和废纸回收利用，加大废纸进口限制力度，2016 年以来，我国连续发布了多项政策力促造纸行业可持续发展。这些政策主要集中在造纸污染防治、废纸回收利用、废纸进口限制等方面。

如今，随着全球经济一体化进程，造纸工业作为我国轻工业支柱行业，科技含量高的循环经济产业，承担着繁荣市场、增加出口、扩大就业、服务"三农"的重要任务，在国民经济中占有举足轻重的地位。

1.3.4 国外相关标准研究

（1）美国造纸行业废水排放标准

1970 年以前，美国废水排放标准由各州分别负责制定，全国没有统一的标准。1970 年成立了环境保护局（EPA），从此，国家取得了对环境保护的控制权。1977 年和 1983 年 EPA 先后公布了"最佳实用技术"（BPT）和"最佳可行技术"（BAT），并按工艺分 12 个大类制定了造纸行业污染物排放限值（表 1 - 16）。其中，每个大类又按照产品种类、采用的设备、工艺等进行了更加具体的划分。

美国制定标准的方法是采用 BPT 制定现有污染源排放限值，采用 BAT 制定新污染源的排放标准。1997 年 EPA 签署了联合法规，联合法规（第一期）只规定了造纸用漂白硫酸盐法、烧碱法浆厂和造纸用亚硫酸盐法浆厂的排放要求。

该法规中对已有的制浆造纸企业 BOD、SS 限值仍保持原标准要求，对新建制浆造纸企业要求从 1998 年 6 月开始实施更加严格的标准，新污染源实施标准如表 1 - 17 所示。此外，美国还规定了二噁英类污染物水体排放的限值，要求进入水体的污染物浓度不得超过 10 pg/L。

表 1 - 16 EPA 规定的部分工艺造纸废水排放标准

单位：kg/t

制浆工艺	BOD		SS	
	日最高	月均	日最高	月均
本色硫酸盐浆	5.6	2.8	12	6.0
漂白硫酸盐商品浆	15.45	8.02	30.1	16.4
废纸制纸板厂	3.0	1.5	5.0	2.5
非综合性高级纸厂	8.2	4.25	11.0	5.9

注：该标准适用于 1988 年 6 月 5 日至 1998 年 6 月 5 日建成的企业。

表 1 - 17 新建漂白硫酸盐法和烧碱法纸浆厂新污染源实施标准

单位：kg/t

污染物参数	日最高值	月均值
BOD	4.52	2.41
SS	8.47	3.86
AOX	0.476	0.272

（2）欧盟造纸行业废水排放标准

欧盟的法律体系包括基本立法、国际条约、二次立法和其他法律文件等，欧盟委员会污染防治指令（IPPC 指令）属于二次立法的范畴。该指令于 1993 年提出草案，1996 年正式采纳发布，1999 年实施。IPPC 指令实质上是在欧共体范围内为减少各种工业污染而实施的许可证制度，根据指令的第 11 条规定，成员国有义务确保责任当局遵循最佳可行技术，因此，它是欧盟各成员国必须遵守的共同的环境指令，IPPC 成为欧盟环境法规的核心内容。2001 年欧盟委员会对上述指令进行了修订，形成了《欧盟制浆造纸厂环境保护导则》（IPPC 造纸部分）。

该导则是直接参考 BAT 技术制定的，污染物控制指标主要包括 COD、BOD、SS、AOX、TN、TP 等，并加入了吨产品排水量指标。排放标准体系与我国 2008 年版的排放标准体系有相似之处。与美国标准一样，该标准中同样没有涉及非木浆工艺的标准限值。标准的各项数值均比美国的排放限值严格，如表1 - 18 所示。

表 1 - 18 欧盟制浆造纸业排放限值

（IPPC，2001 年 12 月，数据为年均值）

产品名称	排水量/（m³/t）	COD/（kg/t）	BOD/（kg/t）	悬浮物/（kg/t）	AOX/（kg/t）	TN/（kg/t）	TP/（kg/t）
本色硫酸盐木浆	15 ~ 25	5 ~ 10	0.2 ~ 0.7	0.3 ~ 1.0	—	0.1 ~ 0.2	0.01 ~ 0.02
漂白硫酸盐木浆	30 ~ 50	8 ~ 23	0.3 ~ 0.5	0.6 ~ 1.5	0.25	0.10 ~ 0.25	0.01 ~ 0.03
CTMP（非综合厂）	15 ~ 20	10 ~ 20	0.5 ~ 1.0	0.5 ~ 1.0	—	0.1 ~ 0.2	0.005 ~ 0.010
用磨木浆的新闻纸、SC、LWC（综合厂）	12 ~ 20	2 ~ 5	0.2 ~ 0.5	0.2 ~ 0.5	<0.01	0.004 ~ 0.100	0.004 ~ 0.010
用废纸的新闻纸、印刷纸、书写纸（综合厂）	8 ~ 15	2 ~ 4	0.05 ~ 0.50	0.1 ~ 0.3	<0.5	0.05 ~ 0.10	0.005 ~ 0.010
用废纸的生活纸	8 ~ 25	2 ~ 4	0.05 ~ 0.40	0.1 ~ 0.4	<0.5	0.05 ~ 0.25	0.005 ~ 0.015

续表

产品名称	排水量/ (m³/t)	COD/ (kg/t)	BOD/ (kg/t)	悬浮物/ (kg/t)	AOX/ (kg/t)	TN/ (kg/t)	TP/ (kg/t)
用木浆的生活用纸（非综合厂）	10～25	0.4～1.5	0.15～0.4	0.2～0.4	<0.01	0.05～0.25	0.003～0.015
不涂布的高级纸（非综合厂）	10～15	0.5～1.5	0.15～0.25	0.2～0.4	<0.005	0.05～2	0.003～0.010
涂布高级纸（非综合厂）	10～15	0.5～1.5	<0.15～0.25	0.2～0.4	<0.005	0.05～2	0.003～0.01
用废纸的瓦楞原纸、挂面板纸、涂布白纸板（综合厂）	<7	0.5～1.5	0.05～0.15	0.05～0.15	<0.05	0.02～0.05	0.002～0.005

（3）其他国家、地区造纸行业废水排放标准

表 1-19 为主要发达国家和地区造纸水污染物排放标准与我国现行标准的简要比较（所列入的国家均为 1999 年全球纸及纸板产量、纸浆产量居前 30 位）。

表 1-19　主要发达国家和地区造纸水污染物排放标准与我国现行标准的简要比较

国家/地区 （年代）		SS(TSS)		BOD		COD		AOX	
		吨位排放量/ (kg/t)	浓度/ (mg/L)	吨位排放量/ (kg/t)	浓度/ (mg/L)	吨位排放量/ (kg/t)	浓度/ (mg/L)	吨位排放量/ (kg/t)	浓度/ (mg/L)
澳大利亚 （1989）	新建漂白桉树牛皮纸浆厂	8		7				1* 2**	
芬兰 （1994）	纸浆和纸			60					
	纸浆					65		1.4	
	纤维板			10					
加拿大 （1994）	制浆造纸	18.75 11.25		12.5 7.5					

续表

国家/地区 （年代）		SS（TSS）		BOD		COD		AOX	
		吨位排 放量/ （kg/t）	浓度/ （mg/L）	吨位排 放量/ （kg/t）	浓度/ （mg/L）	吨位排 放量/ （kg/t）	浓度/ （mg/L）	吨位排 放量/ （kg/t）	浓度/ （mg/L）
中国台湾 （1998）	制浆工业		50				150		
	造纸工业		30				100		
中国大陆 （2001）	制浆 木浆	15～22	100	10.5～ 15.4	70	52.5～ 88.0	350～400	2.64	
	制浆 非木浆	10～30	100	10～30	70	40～135	400～450	2.7	
	造纸	6	100	3.6	60	6	100		
印尼 （1991）	浆厂	20	200	15	150	35	350		
	纸厂	10	125	10	125	20	250		
	制浆造 纸厂	25.5	150	25.5	150	59.5	350		

注：* 为基于实际年排水量的年动态平均值；** 为基于工厂额定生产量的日测值。

各国和地区标准制定情况和标准值的宽严程度。结合各国造纸标准制定思路，下面对各国标准制定的特点分述如下。

①发达国家和地区大都制定了严格的 AOX 控制指标，并不断尝试通过改进工艺和生产技术达到彻底消除。

②美国标准较为特别，分别按生产工艺、纸浆类型，规定了 BOD、TSS 指标的限值，还对 AOX 等指标的限值做了规定。美国甚至制定了专门的废纸标准，对废纸进行详细的分级分类。

③如果参照欧盟修订的制浆造纸业环境保护导则（IPPC，2001 年 12 月），除去漂白硫酸盐木浆吨纸废水排放量为 50 m³ 以下外，其他浆纸生产均要求在 25 m³ 以下。

④发展中国家以印尼为例，印尼 1991 年的工业污水排放标准比我国 2001 年的标准略低，但这是印尼 13 年前的标准，对比我国 1992 年标准值 [SS 200～400 mg/L，BOD 150～1000 mg/L]，可以说我国现行标准对污染物的控制要求还是太宽。

1.4 制浆造纸行业水污染全过程控制的内涵及技术需求

1.4.1 制浆造纸行业水污染全过程控制的内涵

造纸工业原料种类多、工艺复杂，不同原料、不同产品、不同生产过程产生的废水污染负荷均不同，产生的水污染物也千差万别，从而导致采用单一方法很难达到很好的处理效果。随着国家对环境保护的重视，造纸企业越来越重视节水减排。国家水体污染控制与治理科技重大专项（简称"水专项"）"十一五"和"十二五"分别从废水总量控制到废水末端处理技术的研发，在重点行业里，造纸行业实现了废水总量和污染物排放下降幅度最大的成就。据《中国环境统计年报 2015》报道，在四大重点行业里，造纸行业的废水和 COD 排放是下降最快的，废水排放年平均下降 10.2%，COD 排放年平均下降率高达 29.9%。由于造纸总体量大，所以在工业废水排放中仍是主要来源之一。另外，制浆造纸废水处理过程中还会产生二次污染问题，其中主要以污水处理过程产生的污泥为主，尤其是三级处理产生的污泥，热值很低，金属盐含量高，处置费用高。近 10 年来，造纸行业节能减排取得了很大进步，要达到进一步节水减排目标，不仅采用源头控制技术和末端治理技术，更要重视水污染全过程污染源分析和相应控制，需要加强全过程水污染控制技术的集成和优化。

（1）制浆造纸行业节水减排目标

2015 年，国家重新修订出台了《制浆造纸行业清洁生产评价指标体系》，依据综合评价所得分值将清洁生产等级划分为 3 级，Ⅰ级为国际清洁生产领先水平；Ⅱ级为国内清洁生产先进水平；Ⅲ级为国内清洁生产基本水平；该文件对造纸产品提出了更为严格的单位产品水耗指标，代表国际领先水平（Ⅰ级基准值）的漂白硫酸盐木（竹）浆取水定额分别仅为 33 m^3/t 浆和 38 m^3/t浆，较 GB/T 18916.5—2012 的规定值又减少了一半；对于漂白化学非木浆则降低了 20%。对于非脱墨废纸浆，Ⅰ级基准值的取水定额只有 5 m^3/t 浆，只有 GB/T 18916.5—2012 规定值 20 m^3/t 浆的 1/4，降低最为显著。造纸工作者经过"十二五"和"十三五"的努力，通过全过程水污染控制技术的集成优化。目前，典型制浆造纸企业能够达到这一目标，可以进一步推广到全行业。

（2）制浆造纸行业污染控制的支撑技术

主要有源头控制技术（包括干湿法备料技术、低固形物塔式连续蒸煮工艺、基于置换－挤压洗涤的集成提取技术、清洁漂白关键技术）、过程控制技术（包括多圆盘过滤技术、过程水最优化循环回用技术、双转鼓高浓碎浆工艺、高浓筛选技术、封闭筛选技术、复配中性脱墨剂技术）、末端废水治理技术（包括基于"MVR－多效蒸发－燃烧"碱回收处理技术、电渗透板框压滤工艺、改良 Fenton 氧化工艺、一体化厌氧处理及沼气提纯利用技术）。

（3）制浆造纸行业污染控制技术研发及重点发展方向

制浆造纸行业污染控制技术研发及重点发展方向包括：①节约水资源技术，节水工艺、中段废水回收深化处理技术；②末端治理技术，超临界氧化技术、生物酶技术、光催化氧化技术、组合处理技术；③资源化利用技术，包括制浆废液资源化利用技术、造纸污泥处理技术。

1.4.2 制浆造纸行业水污染控制的难点及关键点

重点在污染源的控制，推行清洁生产技术，减少污染源，减少排污总量；在污染源有效控制的基础上，引进先进的制浆造纸治理技术。

（1）实行清洁生产工艺

实行清洁生产工艺，减轻污染负荷，确保污水处理稳定达标。包括化学机械法制浆过程废水近"零排放"技术、非木材纤维原料清洁制浆技术和废水深度处理技术。

（2）调整制浆造纸工艺中废水处理（或回收）工艺

①造纸白水低成本在线循环和梯级回用技术。在多盘过滤机已经实现浊白水和清白水回用于制浆和部分低端回用基础上，对超清白水进行低成本过滤技术提取，回用于网部高压喷淋、助剂稀释等高端场合，与化学法和强化排泥法抑制颗粒污泥钙化技术相结合，建立在线循环和梯级回用技术。

②废纸制浆造纸过程水污染控制集成技术。尽量使用清洁生产技术，通过弱碱性脱墨、白水封闭循环、溶解性和胶体性物质（DCS）捕集技术实现废纸制浆过程水重复利用率达99.9%，造纸过程水重复利用率达91.7%。

③综合废水处理采用物化、生化相结合，深度处理废水，采用新技术提高处理效果，降低运行成本。通过优选低成本复合 Fenton 试剂、改进废水处理污泥干化技术，降低水处理成本10%，污泥干度提高5%。

加强水资源综合利用，建立和推行用水定额管理制度，提高废水、污水处理回用率。采用清污分流、闭路循环、一水多用等措施，提高水的重复利用率。加强废弃物综合利用技术的研发与推广应用，提高工业固废综合利用和再生资源回收利用水平。

1.4.3 制浆造纸行业废水污染全过程控制技术发展策略

①加强清洁生产技术攻关和有关支撑技术的推广宣传。发挥好造纸学会和协会的宣传平台作用，以企业为主体，充分发挥高校和科研院所的优势，加强产学研合作，开发应用先进的清洁生产技术，加快科技成果转化。加强各项单元清洁生产技术的集成链接验证、调试和完善，使清洁生产技术真正转化为有效益的技术。

②环保政策日趋严格，企业针对自身情况和地方政策，选择适宜的污染防治技术，推动行业现有污染问题的解决，促使我国造纸行业整体清洁生产水平的提升，实现污染物的达标排放或综合利用，落实国家环境管理要求，实现对当前环境管理制度的技术支撑，落实产业政策及准入条件，满足技术发展需求，切实降低行业发展所带来的环境影响。

③我国制浆造纸工业在清洁生产工艺和污染防治技术方面都得到了长足的发展，包括新一代连续蒸煮工艺、新型压榨洗浆机、高温二氧化氯漂白技术、无元素氯漂白（ECF）、高浓黑液结晶蒸发、高浓黑液燃烧技术、高效白液过滤和洗涤设备、化机浆黑液机械蒸汽再压缩（MVR）高效蒸发、白水梯级循环技术等已成熟，完全能够满足企业升级改造的需要。

④随着我国环境保护要求的愈加严格，造纸工业在清洁生产和二次污染防治方面还需要进一步的技术革新，对处理过程中产生的固废的合理高值利用和废气的处理开展相关研究，进一步降低制浆造纸污染排放。

⑤采用等标污染负荷法对典型制浆造纸工艺流程全过程进行水污染源解析，明确主要污染来源和特征污染物；梳理"十一五"、"十二五"和"十三五"水专项技术，建立制浆造纸水污染全过程控制技术清单，并采用模糊－层次分析法等评估各项技术，为实际生产提供理论指导。

⑥本节在对制浆造纸全过程污染源解析和技术评估报告基础上，制定了《造纸全过程水污染控制工程技术设计指南》（征求意见稿），继续征求意见并完善，即将成为行业指南标准。

参考文献

[1] 中国造纸协会. 中国造纸工业 2016 年度报告 [R]. 2017.

[2] 中国造纸协会. 中国造纸工业 2017 年度报告 [R]. 2018.

[3] 中国造纸协会. 中国造纸工业 2018 年度报告 [R]. 2019.

[4] 中国造纸协会. 中国造纸工业 2019 年度报告 [R]. 2020.

[5] 郭彩云, 邝仕均. 2016 年世界造纸工业概况 [J]. 造纸信息, 2018 (1): 64 – 68.

[6] 郭彩云, 梁川. 2017 年世界造纸工业概况 [J]. 造纸信息, 2019 (1): 57 – 61.

[7] 郭彩云. 2018 年世界造纸工业概况 [J]. 中国造纸, 2020, 39 (3): 78 – 82.

[8] 邝仕均. 2015 年世界造纸工业概况 [J]. 中国造纸, 2017, 36 (1): 62 – 66.

[9] 中国造纸协会, 中国造纸学会. 中国造纸工业可持续发展白皮书 [Z]. 2019.

[10] 徐峻, 李军, 陈克复. 制浆造纸行业水污染全过程控制技术理论与实践 [J]. 2020, 39 (4): 69 – 73.

[11] 钟香驹. 从造纸技术摇篮到世界造纸大国 [J]. 中国造纸, 2005, 24 (8): 62 – 63.

[12] KONTTORI T. 从国际视角分析全球制浆造纸行业发展 [J]. 中华纸业, 2019, 40 (15): 32 – 35.

[13] 余贻骧. 世界造纸工业 40 年回顾 [J]. 中国造纸, 2008 (增刊 1): 121 – 123.

[14] 胡宗渊. 中国造纸工业 60 年的光辉历程: 纪念中华人民共和国成立 60 周年 [J]. 造纸化学品, 2009, 21 (5): 1 – 6.

[15] 陈克复. 中国造纸工业绿色进展及其工程技术 [M]. 北京: 中国轻工业出版社, 2016.

[16] 张学斌, 黄立军. 我国造纸行业的基本现状及发展对策 [J]. 中国造纸, 2017, 36 (6): 74 – 76.

[17] 熊少华, 杨晨鸣. 2019 中国造纸企业 20 强图表简析 [J]. 中华纸业, 2019, 40 (17): 18 – 22.

[18] 佚名. 世界造纸产业的六大特点 [J]. 纸和造纸, 2005 (增刊 1): 40.

[19] 佚名. 世界造纸新趋势 [J]. 福建轻纺, 2006 (6): 33.

[20] 谢耀坚. 我国木材安全形势分析及桉树的贡献 [J]. 桉树科技, 2018, 35 (4): 44 – 46.

[21] 顾民达. 造纸工业清洁生产现状与展望 [J]. 中华纸业, 2013, 34 (1): 19 – 25.

[22] 马倩倩. 造纸工业的水资源问题细究 [J]. 造纸化学品, 2016, 28 (1): 10 – 13.

[23] 刘秉钺. 造纸工业的排水、取水和节水 [J]. 中华纸业, 2006, 27 (9): 80 – 85.

[24] 李嘉伟, 冯晓静. 印度重点制浆造纸企业介绍 [J]. 中华纸业, 2014, 35 (3): 22 – 38.

[25] 韦国海. 中国造纸工业污染防治的现状和对策 [J]. 国际造纸, 2000, 19 (1): 44 – 46.

[26] 胡宗渊. 新历史阶段探讨我国造纸工业未来发展 [J]. 中华纸业, 2010, 31 (7): 8 – 13.

[27] 王军霞, 吕卓, 杨勇, 等. 我国造纸行业化学需氧量（COD）减排绩效评价 [J]. 环境工程, 2017 (6): 134 – 171.

[28] PAPER P G. The global paper market – current reviw [EB/OL]. (2018 – 07 – 21) [2020 – 09 – 11]. https://www. pgpaper. com/wpcontent/uploads/2018/07/Final – The – Global – Paper – Industry – Today – 2018. pdf.

[29] BAJPAI P. Pulp and paper chemicals [J]. Elsevier, 2015 (5): 19 – 21.

[30] 桑连海, 黄薇, 冯兆洋, 等. 我国制浆造纸工业用水和取水定额现状分析 [J]. 人民长江, 2012, 43 (19): 6 – 8.

[31] 丰福邦隆, 金光范. 日本的造纸历史和日本制浆造纸技术协会对日本造纸产业遗产的保护开发活动 [J]. 华东纸业, 2009, 40 (3): 24 – 27.

[32] 纸业时代杂志社科技时代编辑部. 日本纸和纸板的生产和消费动态以及今后的发展方向: 2017 年、2018 年日本造纸业的课题和展望 [J]. 中国造纸, 2018, 37 (8): 72 – 76.

[33] 纸业时代杂志社科技时代编辑部. 日本纸和纸板的生产和消费动态以及今后的发展方向: 2016 年、2017 年日本造纸业的课题和展望 [J]. 中国造纸, 2017, 36 (8): 77 – 82.

[34] 纸业时代杂志社科技时代编辑部. 日本纸和纸板的生产、消费和研究开发进展: 2015 年、2016 年供需状况和 CNF 事业进展 [J]. 中国造纸, 2016, 35 (9): 78 – 83.

[35] BAJPAI P. Green chemistry and sustainability in pulp and paper industry [M]. Berlin: Springer, 2015.

[36] 纸业时代杂志社科技时代编辑部. 日本造纸行业的现状和展望: 2018—2019 年纸和纸板的供需动向 [J]. 中国造纸, 2019, 38 (9): 82 – 86.

[37] 中华人民共和国国家质量监督检验检疫总局. 取水定额第 5 部分: 造纸产品: GB/T 18916. 5—2002 [S]. 北京: 中国标准出版社, 2012.

[38] 中华人民共和国国家质量监督检验检疫总局. 取水定额第 5 部分: 造纸产品: GB/T 18916. 5—2012 [S]. 中国标准出版社, 2003.

[39] 国家发展和改革委员会, 环境保护部, 工业和信息化部. 制浆造纸行业清洁生产评价指标体系 [EB/DL]. (2015 – 04 – 15) [2020 – 11 – 29]. https://www. ndrc. gov. cn/xxgk/zcfb/gg/201504/t20150420_961120. html.

[40] 中华人民共和国环境保护部. 中国环境统计年报 2015 [M]. 北京: 中国环境出版社, 2016.

[41] 佚名. 数说 40 年: 中国造纸工业发展变化关键指标对比 [J]. 中华纸业, 2019, 40 (13): 222 – 231.

2 制浆造纸行业水污染控制技术发展历程与现状

2.1 制浆造纸行业废水污染控制技术总体进展情况

（1）造纸工业废水物理处理法

物理处理法是污水处理技术中较为简单且常用的技术方法，主要是指利用机械的、物理的方法去除污水中的污染物，这些物质包括不溶性的、粒径较大的一些杂质，主要的技术有机械过滤、沉淀、吸附等。在造纸废水处理中，含有大量的细小纤维物质，采用过滤法具有很好的处理效果。为了避免堵塞等现象的出现，在过滤的同时，要及时进行清运操作，因此，过滤技术主要是作为废水预处理的方法。目前国内应用最多的是微过滤，主要设备有斜筛或过滤机。斜筛是大多数小型造纸厂使用较多，其能耗低、投资少，采用的网目数一般在 60 ~ 100 目。沉淀技术也是在污水处理工艺中应用较多的物理技术，其常与其他技术配合使用。沉淀技术具有运行稳定、设施简单、动力消耗低、构筑物维护费用低等特点，但其使用面积较大。目前，在实际应用中主要是以辐流式沉淀为主，此外还有平流式、竖流式等。吸附法是利用一些具有多孔性的材料，将废水中的一种或者多种物质被吸附到固体表面而将其去除的方法。常用的吸附剂有活性炭、活性焦、膨润土、硅藻精土等。对于造纸废水，吸附技术可对其废水中的悬浮物、色度、COD 等具有良好的处理效果。但其吸附饱和后还需要再生，而且价格昂贵，一般作为预处理工艺。

（2）造纸工业废水化学处理法

化学法是利用试剂或某种技术使得污水中污染物的形态发生改变，进而去除污染物的技术方法。常见的化学方法有中和、氧化还原、催化氧化、微电解、高级氧化等。

常规的化学法需要和其他技术结合进行废水的处理，将化学处理剂加入废水中进行预氧化，然后进行混凝沉淀，还可以在混凝的同时投加氧化剂，利用混凝剂和氧化剂的协同作用来净化废水。化学法采用的氧化剂主要有高锰酸钾、次氯酸钠、二氧化氯、芬顿（Fenton）试剂等。而不同类型的污水采用不同氧化剂处理得到的效果差异很大。针对造纸废水的处理效果表明，高锰酸钾是良好的预处理剂、次氯酸钠更适合用作深度处理药剂。

1）芬顿试剂技术

利用 Fe^{2+} 作为过氧化氢分解的催化剂，反应过程中产生具有极强氧化能力的羟基自由基（·OH），它进攻有机质分子，从而破坏有机质分子并使其矿化直至转化为 CO_2 等无机质。在酸性条件下，过氧化氢被 Fe^{2+} 催化分解，从而产生反应活性很高的强氧化性物质——·OH，引发和传播自由基链反应，强氧化性物质进攻有机物分子，加快有机物和还原性物质的氧化和分解。当氧化作用完成后调节 pH 值，使整个溶液呈中性或微碱性，铁离子在中性或微碱性的溶液中形成铁盐絮状沉淀，可将溶液中剩余有机物和重金属吸附沉淀下来，因此，Fenton 试剂实际是氧化和吸附混凝的共同作用。该技术操作过程简单，仅需简单的药品添加及 pH 值控制，药剂易得，价格便宜，无须复杂设备且对环境友好，投资及运行成本较低。

2）电化学技术

电化学技术是一种新型的废水处理技术，其工作原理是利用电解作用来去除水中的污染物，或者将有毒物质转化为无毒或者低毒性物质。研究表明，采用电絮凝法处理造纸废水处理效果良好，而且无须预处理，在低压和低电流条件下即可运行，安全性较高。相比化学絮凝能耗更低，COD 和浊度去除率分别可达 60% 和 95%。

3）光催化氧化技术

还有利用光催化氧化技术来处理造纸废水，光催化氧化技术是利用 N 型半导体（TiO_2、ZnO 等）作为催化剂的化学处理技术。但该技术在应用过程中存在一些问题，如造纸废水的色度高、悬浮物含量高，进而影响了紫外线的透过性，使得处理效果并不理想，还需要在今后的研究中逐步解决。臭氧氧化技术也是污水处理中常用的一种工艺，其工作原理是利用臭氧在催化剂的作用下能够产生具有强氧化性的·OH。研究表明，臭氧氧化技术对于造纸废水中的色度、COD 都具有显著的处理效果，其色度和 COD 的去除率可达 88.8%～99.0%、54.9%～80.0%。

4）臭氧氧化技术

臭氧处理单元为催化氧化法，包括碱催化氧化、光催化氧化和多相催化氧化。碱催化氧化是通过 OH^- 催化，生成羟基自由基（·OH），再氧化分解有机物。光催化氧化是以紫外线为光源，以臭氧为氧化剂，利用臭氧在紫外线照射下生成的活泼次生氧化剂来氧化有机物，一般认为臭氧光解先生成 H_2O_2，H_2O_2 在紫外线的照射下又生成·OH。多相催化利用金属催化剂促进 O_3 的分解，以产生活泼的·OH 强化其氧化作用，常用的催化剂有 CuO、Fe_2O_3、NiO、TiO_2、MnO_2 等。

臭氧氧化毒性低，处理过程无污泥产生，处理时间较短，所需空间小，操作简单，用于废水预氧化可提高后续处理（特别是好氧生物处理）的能力，此外，臭氧氧化还可有效降低废水色度。适用于排放废水生物处理前的预处理，以及二级处理后的深度处理。

（3）生物处理技术

生物处理技术是废水处理技术中较为成熟和应用较多的技术，是以微生物的代谢作用为基础，利用污水中的有机污染物和无机微生物营养物质作用微生物生长繁殖的营养物质，在利用这些污染物的同时，既保证了微生物的正常繁殖，又将其转化为稳定、无害的物质。目前常见的生物处理技术有活性污泥法、生物膜法、生物接触氧化、氧化沟、生物滤池、生物转盘、厌氧消化等。

造纸废水中 COD 含量高且相对分子质量较大，因此，其可生化性较差，直接利用生物处理技术得不到较好的效果。研究表明，当废水中的 BOD/COD > 0.6 时，可生化性较好；当 BOD/COD < 0.2 时，不宜采用生物法。一般情况下，造纸废水经过一级物理化学处理后，其 BOD/COD 在 0.4 ~ 0.7，可进行生物处理。

生物处理技术主要是利用微生物在生长代谢过程中的分解作用将有机物进行分解，同时利用形成菌胶团对污染物进行吸附，继而去除有机物或者其他污染物。活性污泥法是废水生物处理中应用最为广泛的方法之一，但其存在一重要缺点是会发生污泥膨胀现象，一旦发生整个系统的处理效果将会大幅降低，大量的污泥将会流失，不能保证出水水质。同时污泥处置也是造纸废水处理遇到的一个难题。针对造纸废水生物处理存在的这些问题，研究者开发了动态曝气活性污泥技术，研究表明污泥膨胀现象得以解决，该工艺充分发挥了厌氧菌、兼氧菌和好氧菌的功能，随着曝气的不同轮流发挥各自的特点，有机物氧化分解更为彻底，同时减少了剩余污泥量，大幅减轻了污水厂污泥处理负担。此外，该技术投资相比传统的活性污泥法降低了20%，运行费用节省了10%，更有利于小型造纸企业的应用。

生物接触氧化法也是废水处理中常用的工艺，对于脱墨造纸废水有着良好的处理效果，但其需要注意构筑池内填料的选择，填料直接关系到微生物活性的高低，进而直接影响出水水质。氧化沟技术也是目前废水处理中应用较多的技术，其具有污泥产量少、出水水质稳定、污染物去除率高等优点，而且设备简单、运行费用低，因此，在造纸废水处理中也日渐增多，其 SS 去除率可达80%；COD 去除率可保持在80%左右；BOD 去除率更高，可达95%以上。

随着生物处理技术的不断进步，在处理工艺上厌氧处理技术对造纸废水也具有良好的处理效果。目前主要的厌氧生物处理工艺有上流式污泥床（UASB）、厌氧滤池、厌氧流化床等。厌氧处理技术的优点是耐受能力强、污泥量少，而且终产物可利用。也存在一些缺点，如投资较大、使用的设备较多、运行管理复杂。随着生物处理技术的进一步发展，厌氧和好氧工艺的组合形式越来越多，其处理效果也更好。法国 Minguet & Thomas 造纸厂采用厌氧 - 好氧处理技术，废水中 COD 的去除率可保持在95%，BOD 的去除率可高达98.0%~99.7%。广西某造纸企业采用氧化结合厌氧水解工艺处理造纸废水，处理效果良好，其中 COD 的去除率在95%以上。

2.2 典型废水污染控制技术发展过程

（1）化学法制浆过程水污染源头控制技术

为了减少低浓含氯漂白废水排放量及减轻与消除漂白废水的污染毒害，节约能耗，漂白技术得到迅速进步和不断革新，各种漂白新方法、新技术不断地应用到生产中。例如，20 世纪70 年代为漂白难漂的硫酸盐木浆而发展起来的二氧化氯漂白技术（D），80 年代初在欧洲发展起来的深度氧脱木质素（O）技术，90 年代发展起来的为漂白高得率浆而使用的过氧化氢漂白（P）技术，还有近期发展的臭氧漂白（Z）技术、生物酶漂白技术等。这些新兴的漂白技术都具有一些共同的特点：漂白效率高、漂后浆白度高、强度好、适合较大规模的生产（5 万 t/年或以上）、漂白段排出的废水对环境污染较少甚至无污染。

目前国际上，中浓度纸浆经氧脱木质素后，卡伯值可从 20 左右降至 12 左右，然后再用多段漂白的方法漂至高白度；与延长蒸煮时间相比，氧脱木质素后对浆的得率保留更有效。氧脱木质素作为蒸煮的继续及漂白的起始，脱木质素率达到 35%~50%，同时大幅降低漂白段废水的污染负荷，包括 BOD、COD 及色度；同时通过改变氧脱木质素的工艺条件，氧脱木质素已能适应多种浆种的漂白，如硫酸盐木浆及苇浆、竹浆等非木浆。我国引进了多套氧脱木质素生产线。然而，在麦草浆的生产应用上，由于麦草浆的复杂性，目前国内还没有完全成功的先例。因此，研究与推广应用麦草浆的氧脱木质素技术及其装备将成为本项目首先应攻克的关键技术。

根据漂白助剂中是否含有元素氯，我们将这些清洁漂白技术组合的生产漂白技术分为无元素氯漂白（ECF）及全无氯漂白（TCF）。ECF 技术最显著的特点就是采用二氧化氯漂白（D），二氧化氯漂白虽然产生了少量有机卤化物，但明显小于氯漂，因此，ECF 技术在国外得到迅速推广和普及，典型的 ECF 流程有 O—D、C—E—D。而 TCF 则采用完全不含氯的漂白助剂，如过氧化氢、氧气、臭氧等，TCF 完全排除了有机卤化物的产生，因而废水几乎没有毒性，典型的 TCF 短序流程有 O—Q—P、O—Z—E—P 等，其中 Q 段为预处理段，由于多数采用了臭氧漂白，而臭氧发生器较昂贵，所以一般来说，要达到相同的漂白效果，TCF 成本高于 ECF，随着压力过氧化氢漂白技术研究的不断深入，并在生产实践中不断改进，完全可以采用短序 TCF 流程（如 O—Q—P）达到较好的漂白效果（如对于麦草浆），由于不用臭氧，从而使采用短序全无氯漂白（TCF）技术的投资大幅降低，随着食品包装、生活用纸等对 TCF 纸浆的需求大幅增加，TCF 技术将会得到越来越多的关注，并会快速发展。

不管是氧脱木质素技术，还是 TCF 或 ECF 技术，漂白技术的进步是与装备水平的提高、新材料、机械制造、仪表及控制、化工原料等行业的技术进步分不开的。在国外中浓浆泵、中高浓纸浆混合器、新型洗浆、浓缩设备及其他相关设备的研制成功，使这些氧脱木质素技术及 TCF 和 ECF 技术得以在生产上投入使用。目前，国外为数不多的企业垄断了 TCF 或 ECF 生产的关键技术与装备，国内还没有能够提供全部 TCF 关键技术与装备的企业，国内也花费巨资引进用于 ECF 的成熟的二氧化氯发生装置，但这并不是解决我国非木材浆漂白现状的最好方法。首先因为国外对非木材浆并没有多少经验，这些生产线是否能够适应国内非木原料的生产还是未知数；其次，国内目前已具备了大量的麦草浆氧脱木质素及 TCF 经验，同时具备 TCF 技术的关键设备研制力量，因此，消化吸收国外先进的 TCF 技术，自主研发适用于非木浆的氧脱木质素技术及 TCF、ECF 技术与关键装备，才是改变我国麦草浆漂白工艺技术落后局面的唯一途径。

（2）化机浆生产过程废水处理技术

化机浆废水具有产生量和有机物浓度变化大、有机物浓度高、水温高、色度大、毒性物质含量高、可生化性较差等特点。化机浆生产过程产生的废水主要来自洗涤和制浆过程。

化学浆废液固形物浓度在 10% 左右，含大量有价值的碱，大型浆厂的碱回收可做到运行与收益平衡，或略有盈余，但化机浆废液固形物浓度仅 2% 左右，含碱量也较低。因此，相对于化学浆废液碱回收，化机浆废液碱回收运行成本较高，必须从化机浆生产的经济效益中获得补偿。化机浆废液碱回收装置可借鉴化学浆废液碱回收经验，但必须充分考虑化机浆废液浓度较低的特点，如加拿大 Meadow Lake Pulp Ltd. 对化机浆废液碱回收系统进行了多次重大的技术改进。

20 世纪 80 年代，加拿大制浆造纸研究所首先提出化机浆废液的零排放概念，之后 Meadow Lake Pulp Ltd. 在世界上首次用碱回收技术实现化机浆废液的零排放，经过不断摸索改进，该公司现用三台压汽蒸发机（MVR）并联将废液浓度从 2% 浓缩至 35%，再用二效降膜增浓器浓缩至 67%。浓液送至燃烧炉燃烧。燃烧废液产生的中压蒸汽回用到制浆和蒸发车间用于加热木片和蒸发稀废液，蒸发工段的冷凝水回用于制浆工段。该系统的核心是 1 套大型蒸发系统。随着环保标准的提高和环保技术的进步，2005 年以来，在北美、欧洲地区的一些化机浆厂，采用碱回收工艺，实现了化机浆废液"零排放"，如加拿大的 Meadow Lake SK 化机浆厂和 Chetw ynd BC 化机浆厂，还有北欧芬兰的 M－real Joutseno、M－real Kaskinen 公司和瑞典的 tora Enso，Fors 公司。

化机浆技术的零排放研究、投资和运行费用的研究，对于"零排放"引起的设备腐蚀、产品质量的下降、生产车间气体污浊等难题急待人们克服解决。在本课题中，在国内外研究的基础上，构建以"流程优化重组（Reconstruction）－废水减量（Reduce）－废水超效再浓缩（Reconcentration）"为核心的化学机械法制浆过程废水减排、回用集成化处理工艺，拟解决上述问题，并拟建立生产规模达 10 万 t/a 以上的化学机械木浆近"零排放"废水处理示范工程。

（3）废纸制浆及造纸过程中的废水控制关键技术

目前，欧洲与北关以废纸为原料的制浆造纸厂，不少已实现"零排放"，即完全没有废水的排放。废纸制浆造纸废水的回用技术已经成熟，对于脱墨或不脱墨的废纸工艺，在技术上均可达到零排放。喷淋水堵塞可能被认为是废水回用中常见的问题，但在美国、加拿大联合调查的工厂中，符合零排放的工厂大多使用高压自净的铜制喷嘴，喷出循环水喷淋网和毛布。

国外不少厂家通过全厂封闭循环和实现零排放技术已经成熟，该技术对解决造纸水资源浪费和污染意义重大。全厂封闭循环和零排放可以减少废水处理的规模，降低废水处理的投资和运行成本，同时还可以降低纸张的生产成本。全封闭循环和零排放需要工艺的外部水处理，生物处理是必不可少的，厌氧好氧结合处理方法是特别适用于这个目的的生物处理方法。在国外，封闭循环和零排放废水的厌氧好氧处理已经积累了相当丰富的经验。例如，新的高温处理工艺、内循环反应器和气提反应器成为新一代先进技术组合。

封闭循环后的工艺水温度通常在 50 ℃ 以上，采用中温工艺就要降低水温，这意味着能耗的增加和成本的升高。国际水学会于 2000 年报道了高温处理造纸废水研究成功的消息。这是由欧盟委托的一项旨在发展零排放和高度封闭的造纸厂废水高温厌氧处理及其后处理工艺的研究，这一研究由 Pagues、Roch 及 Cadaguadeng 等 3 家荷兰和德国的水处理公司与两家造纸厂（Oudede - VPK 和 Saica）共同完成，由 Pagues 承担工艺的核心部分，即高温厌氧处理的研究。目前，在以废纸为原料的国内制浆造纸厂中，其废水处理生产线也实现了封闭循环和零排放技术。

在国内外废水处理生产线封闭循环和实现零排放技术的基础上，采用高浓碎浆技术、弱碱性浮选脱墨技术、造纸白水封闭循环技术、DCS 捕集技术等，使之形成有机的整体，提高过程用水重复利用率，使废纸制浆过程工艺过程水重复利用率大于85%，造纸工艺过程水重复利用率大于90%以上，而且这两种废水的处理规模不低于 15 000 m^3/d。

（4）造纸行业废水深度处理技术

我国在 2008 年 8 月 1 日起实施新的制浆造纸工业水污染排放标准（CB 33544—2008），与原来执行的造纸工业废水排放标准相比，新标准增加了色度、总氮、总磷等水污染物的排放限值，大幅提高了污染物排放控制水平。目前国内外制浆造纸企业普遍采用预处理＋厌氧生物处理＋好氧生物处理＋化学混凝三级处理流程，处理后的 COD 一般可以降到 150～200 mg/L，色度仍然较高，难以满足新标准的要求。

近几年，国内外制浆造纸废水深度处理技术的研究与应用也取得了新的进展，无论是物理方法还是生物化学方法都开发了一些新的技术，其中物理化学新方法主要包括高级氧化技术、电化学技术、膜分离法、吸附法、磁混凝沉淀技术等。生化新方法主要包括固定化生物技术、生物絮凝技术、共代谢协同降解技术、生态法等。高级氧化技术是 20 世纪 80 年代发展起来的一种用于处理难降解有机污染物的新技术，能实现废水中难降解的大分子有机物氧化降解成低毒或无毒的小分子物质，甚至直接分解成为 CO_2 和 H_2O，达到无害化的目的。Fenton 氧化法处理造纸废水效果比较明显，在国内外实际生产上已经得到一定范围的推广应用。但是由于造纸废水量大，在实际的工程应用中，通常需要加酸调节废水 pH 3.5～4.5，废水调节酸性的费用在工艺总处理费用中占有较大的比例，加酸费用成为决定工艺经济上是否可行的重要因素。拓展 Fenton 氧化技术在造纸废水深度处理上的 pH 作用范围，开发廉价的酸源，降低调节酸性需要的费用，可有效推进 Fenton 氧化工艺在造纸废水深度处理中的应用。

2.3　制浆造纸行业水污染控制技术现状分析

2.3.1　木材化学法制浆生产过程水污染控制技术现状

（1）备料

原木剥皮。大部分企业采用干法剥皮技术，与湿法剥皮技术相比，该技术吨浆用水量明显降低，吨浆节水 3～10 m^3。

（2）蒸煮

木材原料蒸煮工艺分为间歇法和连续法。间歇法采用传统间歇蒸煮、快速置换加热（RDH）和超级间歇蒸煮等，连续法采用改良型连续蒸煮（MCC）、深度改良型连续蒸煮（EMCC）、等温蒸煮（ITC）、紧凑蒸煮（Compact Cooking TM）及低固形物蒸煮（Lo-Solids Cooking）等技术，蒸煮设备使用立式连蒸器。

（3）洗选

洗选工段可细分为洗涤和筛选净化。一般采用多段逆流洗涤和封闭筛选，逆流洗涤和封闭筛选是提高洗涤效率、减少废水排放量的有效措施。由于木浆资料的滤水性能相对较高，一般可达到95%以上。水系统封闭操作，理论上不排放废水，但在实际操作中，由于工艺管线长，浆泵和废液槽多，容易发生跑冒滴漏的现象，末端锥形除砂器排渣时会带出部分废液，这是洗浆段废水的主要来源。

（4）氧脱木质素

氧脱木质素技术是在蒸煮后，为保持纸浆强度而选择性脱除木质素的一种工艺。氧脱木质素通常采用一段或两段氧脱木质素，在氧脱木质素过程中，氧气、烧碱（或氧化白液）和硫酸镁与高浓度（25%～30%）或中等浓度（10%～15%）纸浆在反应器中混合。氧脱木质素工段产生的废液可逆流到粗浆洗涤段，然后进入碱回收车间处理。该技术可减少后续漂白工段化学品用量，减少漂白阶段COD排放负荷。

（5）漂白

传统的CEH漂白是由氯化（C）、碱抽提（E）、次氯酸盐漂（H）等三段组成。由于该方法使用了含元素氯的漂剂，因此，会产生大量的氯化废水，废水中含有致癌和致变性质的AOX，产生量在3～4 kg/t浆，个别企业超过7 kg/t浆。无元素氯漂白（ECF）是以二氧化氯替代元素氯作为漂白剂的漂白技术，ECF后纸浆的白度高，返黄少，浆的强度好；但二氧化氯必须就地制备，生产成本较高，对设备的耐腐蚀性要求高，通常需要多段漂白。现代ECF的目标是进一步降低二氧化氯使用量，降低漂白废水发生量和漂白产生的COD。例如，在流程中采用两段氧脱木质素技术、酸处理技术、臭氧漂白技术、压力过氧化氢漂白技术等，使二氧化氯用量大幅降低，称之为轻ECF漂白，国内运行的ECF漂白程序如表2-1所示。

表2-1　国内运行的ECF漂白程序

序号	漂白程序	序号	漂白程序
1	O/O—D—E_{op}—D—PO	5	O/O—D—E_{op}—D—P
2	O/O—Q—OP—D—PO	6	O/O—D—E_{op}—D
3	O/O—AZe—D—P	7	O/O—D—E_{op}—D—D
4	O/O—ZQ—E_{op}—D	8	O/O—D—Zq—PO

注：O代表氧脱木质素（氧漂）；D代表二氧化氯漂白；E代表碱抽提（碱处理）；P代表过氧化氢漂白；Q代表螯合处理；A代表酸处理；Z代表臭氧漂白；E_{op}代表氧和过氧化氢强化的碱抽提；PO代表压力过氧化氢漂白；OP代表加过氧化氢的氧脱木质素。

（6）碱回收

硫酸盐法制浆厂中配套的碱回收系统有 3 个功能：回收用于制浆过程中所用氢氧化钠及硫化钠化学药品；通过燃烧将制浆过程溶出的有机物转化为热能及电能实现能量的回收；回收制浆过程中所产生的副产品（松节油或塔罗油），前两项是碱回收的主要目的。

碱回收系统包括稀黑液在蒸发工段的蒸发浓缩，浓黑液在碱回收炉中的燃烧实现有机物与无机物的分离。黑液经过燃烧后产生的无机熔融物溶解于稀白液或水中形成绿液。绿液的主要成分是碳酸钠和硫化钠等，绿液经苛化段将碳酸钠转化为氢氧化钠，此时的溶液为白液，可回用于蒸煮系统。灰分残留物和其他杂质作为绿液渣从流程中除去。苛化产生的碳酸钙（白泥）从白液中分离出来，经洗涤浓缩后在石灰窑中煅烧产出石灰回用于苛化段。部分企业采用黑液降膜蒸发技术和黑液高浓蒸发技术来提高黑液蒸发效率与黑液的浓度，最终提高黑液的碱回收率和降低碱回收锅炉硫的排放。

2.3.2　木材化学机械法制浆生产过程水污染控制技术现状

（1）浆渣筛选及精磨技术

采用锥形除渣器及压力筛将纸浆与杂质分离，锥形除渣器分离出的砂石等重质杂物排出系统，压力筛分离出来的纤维束送往浆渣处理系统，经精磨后返回制浆。该技术可以提高纤维的利用率，减少固体废物的产生，减少废水中悬浮物的产量。

（2）高效洗涤和流程控制技术

化学机械浆的洗涤比化学浆的洗涤难度稍高，需要更大的洗涤设备能力，通常化学机械浆的废液提取率为 65% ~70%。采用高效洗涤和流程控制技术废液提取率可达到 75% ~80%，该技术采用辊式洗浆机、双辊压榨洗浆机或螺旋压榨机，通过置换压榨等作用分离浆中的溶解性有机物，提高纸浆的洁净度，降低后续漂白化学品（漂白化学热磨机械浆）的消耗；同时，通过改进洗涤工艺，减少洗涤损失，降低洗涤用水量。

2.3.3　非木材制浆水污染控制技术现状

（1）备料

草类原料（如麦草、芦苇、竹子等）的备料方法包括干法备料和干湿法备料两种。部分企业使用的是干湿法备料技术。该技术的主体设备是切草机和水力碎草机，以国产设备为主。蔗渣备料目前均使用湿法堆存备料工艺。竹子原料使用干法备料工艺。

（2）蒸煮

蒸煮一般可分为间歇式蒸煮和连续式蒸煮两种。间歇式蒸煮以蒸球或立锅作为主要蒸煮设备，而连续式蒸煮则以管式连蒸器作为主要设备。大部分非木材制浆企业使用三管或四管的横管式连蒸器，也有少量企业使用蒸球。对于芦苇原料，大部分企业使用立锅。

（3）洗选

见 2.3.1（3）洗选。

（4）氧脱木质素

见 2.3.1（4）氧脱木质素。

（5）漂白

见 2.3.1（5）漂白。

（6）碱回收

碱回收车间采用燃烧法将制浆车间洗浆工段送来的浓黑液经多效蒸发浓缩，使黑液浓度提高，送入燃烧炉进行燃烧，消除污染，回收烧碱和热能，然后进行苛化分离，最后将清洁的烧碱回收至蒸煮工段循环使用。目前，芦苇浆的黑液碱回收率一般在 85%~90%，蔗渣浆的黑液碱回收率一般在 83%~87%，麦草浆的黑液碱回收率相对较低，一般在 70%~80%。黑液在综合利用或送碱回收炉燃烧前，都要通过多效蒸发器浓缩，蒸发浓缩过程中产生的冷凝水是一种污染源。冷凝水中一般含有甲醇、硫化物和少量黑液。污冷凝水经过汽提法处理后，方能回用或排放。

（7）亚硫酸盐法制浆废液的处理

1）废液燃烧回收技术

该技术的工艺流程与黑液碱回收过程相近，包括废液蒸发工段、燃烧工段、回收热能和再生蒸煮液等。镁盐基废液回收较容易，一般可回收 75%~88% 的氧化镁（MgO）和 65%~70% 的二氧化硫（SO_2）；铵盐基废液回收过程中，盐基部分将分解挥发而难以回收，只有 SO_2 和热能可以回收利用。

2）废液综合利用技术

非木材亚硫酸盐法制浆废液中主要以糖类有机物和木质素磺酸盐为主。其中，亚铵法制浆废液中还含有一定量的铵盐。目前，其综合利用技术主要包括木质素产品的制备技术和复合肥的制备技术。

2.3.4 废纸制浆水污染控制技术现状

（1）碎浆

碎浆一般采用连续或间隙式，设备通常有两种：水力碎浆机和转鼓式碎浆机。水力碎浆机从结构形式上分为立式和卧式，从操作方法上可分为连续式和间歇式，从碎浆浓度上可分为低浓、中浓和高浓，高浓碎浆浓度可达15%~20%，中浓碎浆浓度一般为8%~12%，低浓碎浆浓度在6%以下。目前国内投产的大规模生产线一般采用转鼓式碎浆机进行高浓连续碎浆，高浓连续碎浆对纤维损伤小，水耗、能耗低。

（2）筛选及净化

筛选是为了从废纸浆中将大于纤维的杂质碎片去除，并尽量减少处理过程中纤维的流失，废纸处理流程中使用的筛选设备绝大多数为压力筛。净化是利用杂质与废纸浆悬浮液的密度不同，将轻重杂质分离，净化的设备一般采用锥形除渣器。筛选及净化系统应有较高的净化效率，并减少纤维的流失。

（3）洗涤和浓缩

洗涤的目的是从有用的纤维中将悬浮固形物和废杂质除去的一种处理方法，故其滤液中的固形物含量一般都比较高。洗涤去除颗粒大小在 30~40μm 以下的废杂质，如白土或填料、细小油墨、细小胶粘物，片状油墨、胶印油墨也有一些可以通过洗涤除去。洗涤设备有带式洗浆机、喷淋式圆盘过滤机、鼓式洗浆机等，在洗涤的同时，也实现了浓缩的功能。浓缩是提高出口纸浆浓度、将纸浆浓缩以供后续工序（如漂白、分散与搓揉）处理。这类设备有多盘浓缩机、夹网挤浆机、双辊脱水压榨机等，这类设备的滤液一般可逆流回用。

（4）脱墨（用于脱墨浆生产）

分离油墨粒子一般有两种方法：洗涤法和浮选法。洗涤法是将油墨粒子预先在碎浆机中进行预洗涤，然后送到除渣、筛选、洗涤设备中进一步除去。洗涤法脱墨时需加入分散剂和沉淀剂。洗涤法脱墨比较干净，所得纸浆白度高，灰分含量低，操作方便，工艺稳定，电耗低，设备投资少。缺点是用水量大，纤维流失大，得率低。浮选法脱墨是向浆料中通入空气，通入的空气产生气泡，发泡剂又使这些气泡凝聚不散，油墨粒子和杂质吸附在泡沫上，聚集在浆料表层，不断地刮去这些附有油墨粒子的泡沫，即可达到除去油墨的目的。浮选法的优点是纤维流失小，纸浆得率可达 85% ~95%，使用的脱墨剂少；缺点是纸浆白度低，灰分含量高，所用设备比洗涤法复杂、昂贵，动力消耗大。

（5）漂白（用于漂白浆生产）

通常采用中浓漂白技术，即纸浆在 8% ~12% 浓度条件下进行漂白，该技术可提高漂白效率，节约漂白化学品用量，降低蒸汽消耗。适用于废纸脱墨浆生产企业。

2.3.5 纸板生产过程水污染控制技术现状

纸板生产过程水污染控制技术主要有高效磨浆技术、高效低脉冲上浆技术、流浆箱稀释水横幅控制技术、纸页高效成型技术、宽压区压榨技术、造纸机网部和压榨部清洗节水技术、膜转移施胶技术、烘缸封闭气罩技术、袋式通风技术、固定虹吸管技术、纸机白水回收及纤维利用技术等。

2.3.6 末端水处理技术

直接排放的制浆造纸企业通常采用三级处理工艺处理综合废水。

一级处理技术包括混凝沉淀/混凝气浮技术、对废水在进入生化处理系统前进行物理化学处理、去除废水中大部分 SS 及部分 COD（表 2 - 2）。

表 2 - 2 一级处理技术主要工艺参数

序号	名称	技术参数	污染物去除效率		
			COD	BOD	SS
1	过滤	过滤机筛网：60 ~ 100 目，过水能力 10 ~ 15 m³/（m²·h）	15% ~30%	5% ~ 10%	40% ~ 60%
2	沉淀	初沉池表面负荷：0.8 ~ 1.2 m³/（m²·h）；水力停留时间：2.5 ~ 4.0 h	15% ~30%	5% ~ 20%	40% ~ 55%

序号	名称	技术参数	污染物去除效率		
			COD	BOD	SS
3	混凝	采用混凝沉淀池,混合区速度梯度 (G):300～600 s⁻¹;混合时间:30～120 s;反应区 G 值:30～60 s⁻¹,反应时间:5～20 min;分离区表面负荷:1.0～1.5 m³/(m²·h),水力停留时间:2.0～3.5 h	55%～75%	25%～40%	80%～90%
		采用混凝气浮池,汽水接触时间:30～100 s;表面负荷:5～8 m³/(m²·h);水力停留时间:20～35 min	30%～50%	25%～40%	70%～85%

二级处理技术为废水生化处理技术,包括厌氧处理技术和好氧处理技术。厌氧处理技术主要包括水解酸化技术、UASB 及 IC 反应器技术;好氧处理技术主要包括活性污泥法、生物接触氧化技术。通常企业将厌氧处理技术及好氧处理技术有机组合(表 2 - 3 和表 2 - 4)。

表 2 - 3   厌氧处理技术主要工艺参数

序号	名称	技术参数	污染物去除效率		
			COD	BOD	SS
1	水解酸化	pH:5.0～9.0;容积负荷:4～8 kg COD/(m³·d);水力停留时间:3～8 h	10%～30%	10%～20%	30%～40%
2	UASB	污泥浓度:10～20 g/L;容积负荷:5～8 kg COD/(m³·d);水力停留时间:12～20 h	50%～60%	60%～80%	50%～70%
3	EGSB (或 IC)	污泥浓度:20～40 g/L;容积负荷:10～25 kg COD/(m³·d);水力停留时间:6～12 h	50%～60%	60%～80%	50%～70%

三级处理主要包括混凝沉淀或气浮、高级氧化技术和膜分离技术。高级氧化技术是通过加入氧化剂,对废水中有机物进行氧化处理的方法,一般包括 pH 值调节、氧化、中和、分离等过程。目前,多采用硫酸亚铁 - 双氧水催化氧化(Fenton 氧化),氧化剂的投加比例需根据废水水质适当调整,反应 pH 值一般为 3～4,氧化反应时间一般为 30～40 min,COD 去除效率为 70%～90%。膜分离技术是以压力为推动力,特定膜材料为过滤介质的液相分离技

术，具有无相变、能耗低、设备简单、操作过程易控制等优点。但由于造纸废水污染浓度高，其中所含的硫酸盐、氢氧化物、碳酸盐、金属离子均可造成沉淀污染；废水含有木质素、纤维素、多糖等有机物易造成吸附污染；因此，膜分离技术在处理造纸生产废水中存在明显问题是膜易污染和通过量下降，对预处理要求较高。

表 2 - 4　好氧处理技术主要工艺参数

序号	名称	技术参数	污染物去除效率		
			COD	BOD	SS
1	完全混合活性污泥法	污泥浓度：2.5 ~ 6.0 g/L；污泥负荷：0.15 ~ 0.4 kg COD/kg MLSS；水力停留时间：15 ~ 30 h	60% ~ 80%	80% ~ 90%	70% ~ 85%
2	氧化沟	污泥浓度：3.0 ~ 6.0 g/L；污泥负荷：0.1 ~ 0.3 kg COD/kg MLSS；水力停留时间：18 ~ 32 h	70% ~ 90%	70% ~ 90%	70% ~ 80%
3	A/O	污泥浓度：2.5 ~ 6.0 g/L；污泥负荷：0.15 ~ 0.3 kg COD/kg MLSS；水力停留时间：15 ~ 32 h	75% ~ 85%	70% ~ 90%	40% ~ 80%
4	SBR	污泥浓度：3.0 ~ 5.0 g/L；污泥负荷：0.15 ~ 0.4 kg COD/kg MLSS；水力停留时间：8 ~ 20 h	75% ~ 85%	70% ~ 90%	70% ~ 80%

参考文献

［1］徐峻，李军，陈克复. 制浆造纸行业水污染全过程控制技术理论与实践［J］. 2020，39（4）：69 - 73.

［2］陈克复. 中国造纸工业绿色进展及其工程技术［M］. 北京：中国轻工业出版社，2016.

［3］张学斌，黄立军. 我国造纸行业的基本现状及发展对策［J］. 中国造纸，2017，36（6）：74 - 76.

［4］顾民达. 造纸工业清洁生产现状与展望［J］. 中华纸业，2013，34（1）：19 - 25.

［5］马倩倩. 造纸工业的水资源问题细究［J］. 造纸化学品，2016，28（1）：10 - 13.

［6］韦国海. 中国造纸工业污染防治的现状和对策［J］. 国际造纸，2000，19（1）：44 - 46.

［7］武书彬. 造纸工业的污染控制与治理技术［M］. 北京：化学工业出版社，2000.

［8］张辉. 造纸环保装备原理与设备［M］. 南京：南京林业大学，2014.

[9] 汪苹，宋云．造纸工业节能减排技术指南［M］．北京：化学工业出版社，2010.

[10] 华文．废水 Fenton 处理污泥的处置与铁盐回收利用技术研究［D］．广州：华南理工大学，2017.

[11] 万金泉．当代制浆造纸废水深度处理技术与实践［J］．中华纸业．2011（3）：18－23.

[12] 王双飞．造纸废水资源化和超低排放关键技术及应用［J］．中国造纸，2017，（8）：51－59.

[13] 韩颖．制浆造纸污染控制［M］．北京：轻工业出版社，2016.

[14] 万金泉，马邕文．造纸工业废水处理技术及工程实例［M］．北京：化学工业出版社，2008.

[15] 耿晓宁，刘秉钺．浅谈纸机白水的封闭循环［J］．中国造纸，2005，24（8）：52－56.

[16] 王红．多圆盘过滤机的特征及其运行［J］．中国造纸，2004，23（10）：32－35.

[17] 张辉．造纸业能耗与当今可推广的先进节能技术与装备［J］．中华纸业，2012，33（22）：6－15.

[18] 林跃梅．制浆造纸现代节水与污染水资源化技术［M］．北京：中国轻工业出版社，2009.

[19] 程言君．轻工重点行业清洁生产及污染控制技术［M］．北京：化学工业出版社，2010.

[20] 林乔元．浅谈我国非木材碱法制浆水污染防治技术[J]．造纸信息，2005（12）：15－16.

[21] 汪俊．非木材纤维制浆清洁生产技术方案备料与蒸煮工段［J］．中华纸业，2013，34（24）：13843－13846.

[22] 陈克复，李军．中浓纸浆清洁漂白技术的理论与实践［J］．华南理工大学学报（自然科学版），2007，35（10）：1－6.

[23] 陈克复，李军．纸浆清洁漂白技术［J］．中华纸业，2009，30（14）：6－10.

[24] 李军，何水淋，李智，徐峻，等．蔗渣浆 ECF 短序漂白流程的对比［J］．华南理工大学学报（自然科学版），2014，42（2）：14－20.

[25] 李军，吴绘敏，徐峻，等．已筛选与未筛选麦草浆漂白性能的比较［J］．华南理工大学学报（自然科学版），2010，38（11）：80－85.

[26] BAJPAI P, Pulp and paper industry: chemical recovery［M］. Amsterdam: Elsevier，2016.

[27] 邝仕均．臭氧轻 ECF 漂白［J］．中国造纸，2013，32（5）：50－54.

[28] GASPAR A, EVTUGUIN D V, NETO C P. Oxygen bleaching of kraft pulp catalysed by Mn (Ⅲ): substituted polyoxometalates［J］. Applied catalysis a general，2003，239（1－2）：157－168.

[29] 林文耀．我国造纸工业近期木材制浆、碱回收生产线进展情况［J］．华东纸业，2011，42（6）：16－19.

[30] 房桂干，施英乔．中国化学机械浆废水深度处理［J］．华东纸业，2011，42（5）：67－76.

[31] 李华杰．APMP 化机浆蒸发系统结垢分析及处理［J］．中华纸业，2018，39（6）：59－62.

[32] 乔军，安庆臣，应广东．化学机械浆浓废水零排放技术的研究［J］．华东纸业，2014，45（6）：43－46.

[33] 赵云松，胡海军，张丹．机械蒸汽再压缩（MVR）技术在制浆废液蒸发中的应用［J］．中国造纸，2013，32（2）：45－47.

[34] 袁金龙，梁斌，李文龙，等．MVR 技术在化机浆废液处理中的应用［J］．中国造纸，2015，34（7）：37－40.

[35] LÖNNBERG B．机械制浆（中芬合著）［M］．第六卷．詹怀宇，李海龙，译．北京：中国轻工业出版社，2015.

[36] ZHOU Y，YUAN ZR，JIANG ZH. Overview of high yield pulps（BCTMP）in paper and board［C］. PAPTAC 90th Annual Meeting，Montreal，Canada，2004.

[37] 林艳提．浅谈瑞丰纸业化机浆工艺及设备的选择［J］．中国造纸，2007，26（9）：31－32.

[38] 郭玉倩，田中建，吉兴香，等．化学机械浆工艺技术的研究综述［C］//中国造纸学会第十八届学术年会论文集．2018.

[39] 张凤山．废纸再生新闻纸生产过程中胶黏物的表征和控制［D］．南京：南京林业大学，2010.

[40] 孙丹丹，王永全．热分散机结垢与磨损问题及其对浆料性质的影响［J］．中华纸业，2013，34（4）：58－60.

[41] GAO Y，QIN M，YU H，et al. Effect of heat－dispersing on stickies and their removal in post－flotation［J］. Bio. resources，2012，7（1）：1324－1336.

[42] MIAO Q，HUANG，L，Chen，L. Advances in the control of dissolved and colloidal substances present in papermaking processes：a brief review；a brief review［J］. Bioresources，2013，8（1）：1431－1455.

[43] 汪平保．最新 Vortech 碎浆技术及应用［J］．中华纸业，2009，30（10）：98－100.

[44] 吴大旭．两种不同形式碎浆机在废纸制浆生产中的比较［J］．中华纸业，2019，40（20）：12－16.

[45] 许银川，陈小龙．废纸制浆创新节能技术与装备［J］．中华纸业，2019，40（15）：72－75.

[46] UINCH H，SAMUEL S. 回收纤维与脱墨（中芬合著）［M］．二十一卷．付时雨，译．北京：中国轻工业出版社，2018.

3 制浆造纸行业重大水专项形成的关键技术发展与应用

我国对环境保护越来越重视，新的法律法规对造纸排放标准越来越严。国家对造纸行业水污染控制的研发投入持续增加，"水专项"从"十一五"到"十三五"对造纸的水污染控制都有关注。"十一五"期间造纸业行业重点解决的是制浆造纸废水末端达标排放问题；随着末端废水达标排放技术的不断成熟，为进一步降低污染物的总量排放，造纸工作者在"十二五"期间重点关注的是水污染源头控制技术；"十三五"期间，为进一步降低废水总量和污染物总量排放，造纸工作者对制浆造纸全过程污染源进行解析，并梳理评估全过程各项技术，为集成优化成套技术提供理论基础。本章对制浆造纸水专项技术进行梳理总结。

3.1 化学法制浆水污染物过程减排成套技术

3.1.1 低固形物塔式连续蒸煮技术

（1）技术内容及基本原理

低固形物（Lo-solids）塔式连续蒸煮技术是 20 世纪 90 年代发展起来的，作为一种改良蒸煮技术，低固形物制浆采用分段加入白液和逆流蒸煮的方法，通过多处抽出蒸煮废液，并在蒸煮废液后，按液体的流向加入预热的洗涤水和白液，这可以稀释存在于系统中的有机固形物，同时提高了蒸煮液的比。较高的蒸煮液比有助于稀释在后续蒸煮中溶出的固形物，因此，降低了存在于大量脱木质素和残余脱木质素阶段溶出的固形物的浓度。通过该技术，可以达到以下目标：温度和蒸煮化学药品径向均匀分布，碱的均匀分布，尽量降低蒸煮的最高温度及蒸煮末期溶出木质素的浓度。该技术是在大量脱木质素阶段和最后脱木质素阶段降低所有溶解木材固形物的浓度，而早期的 MCC 和

EMCC 主要是降低蒸煮最后阶段溶解的木质素的浓度。

其工艺特点可以概括为以下 3 点：在蒸煮器的前段和后段同时抽取黑液；在多于一处抽取黑液的同时，在黑液抽取处下方的蒸煮循环回路中加入白液和洗涤液，以保持恒定的液比和利用稀释作用降低各蒸煮区内固形物的浓度；蒸煮白液是在 3 处加入的，与 EMCC 相比，低固形物塔式连续蒸煮技术的有效碱浓度分布曲线更加均匀，制浆选择性进一步提高。

研究表明，存在于蒸煮液中的大量溶出木材固形物可以引起纸浆的强度、黏度和可漂性下降，并使得蒸煮化学药品的消耗增加。这些固形物是木材中木质素、半纤维素、纤维素和抽出物的降解产物及金属和矿物质等溶出物，这些溶出物在大量脱木质素阶段就已经出现，蒸煮时间和这些溶出物的浓度成线性关系。因此，通过缩短保温时间和降低溶出固形物的浓度来改进制浆系统的操作和纸浆质量，这就是 Lo-solids 蒸煮技术。其工作原理如图 3 – 1。

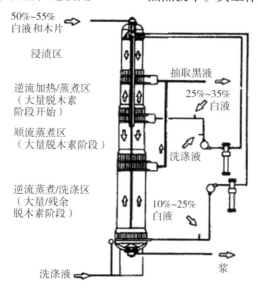

图 3 – 1 Lo-Solids 蒸煮技术的工作原理

（2）适用范围

适用于木材纤维原料化学法连续蒸煮，可以高效脱除木质素和降低纤维的降解，从源头控制木材化学法的水污染。

（3）技术特点及主要技术经济指标

深度脱木质素，纸浆卡伯值低于 8，减少漂白助剂用量，实现漂白中段废水排放量小于 30 m³/t 浆。与传统技术相比，COD、BOD 降低 30% 以上。

（4）示范工程及推广应用工程信息

本技术已在河南驻马店市白云纸业化学浆制浆生产线、广西博冠纸业蔗渣浆生产线和广西永鑫纸业蔗渣浆生产线推广应用。

（5）技术就绪度

验收时技术就绪度达 7A。

（6）依托单位

华南理工大学。

3.1.2 基于置换–挤压洗涤的提取技术

（1）技术内容及基本原理

基于置换–挤压洗涤的提取技术可提高黑液提取率，主要设备有鼓式真空洗浆机、鼓式置换洗浆机（简称 DD 洗浆机）和双辊压榨洗浆机。双辊压榨洗浆机（亦称双辊挤浆机）是一种结构紧凑、占地面积小、机电仪一体化的高效洗涤设备，采用置换压榨原理实现浆料的连续脱水和洗涤，是目前国际上功能先进、技术水平较高的黑液提取和漂白洗涤设备。国内，汶瑞公司消化吸收国际先进技术，研制开发了 SJA 和 SJB 两种类型的双辊压榨洗浆机，广泛应用于化学浆、化机浆和废纸浆等浆种的洗涤与浓缩，已成为国内大中型制浆厂纸浆洗涤的主流设备。SJA 型为侧面进浆，具有置换、洗涤、压榨功能，适用于化学浆的黑液提取和氧脱木质素工段的纸浆洗涤。SJA 型进浆方式有两种：一种是折流弧形布浆；一种是螺旋机械式布浆。两者的最大不同在于布浆装置，前者根据不同产品规格可采用单管口或多管口进浆（图 3–2 和图 3–3），浆料在一定压力下以较高的速度通过折流通道和弧形室回流。该布浆方式可使两压辊之间根据线压及浆层厚度动态自动调整，因而浆料混合更加均匀，并沿辊幅面均匀布浆，进浆浓度适宜范围 3% ~8%，国内代表性用户为日照亚太森博纸业二期年产 130 万吨化学浆项目。螺旋机械式布浆则从中间管口进浆，利用向两端变径螺旋改变流体通道沿幅面布浆，布浆角度大，压辊利用率高，但两压辊间隙生产过程中无法动态调整，适用于 5% ~8% 较高浓度的浆料，国内代表性用户为海南金海纸业年产 100 万吨化学浆项目。

（2）适用范围

适用于非木材和木材纤维原料化学法连续蒸煮的黑液提取和洗涤，提高黑液提取率，从源头控制木材化学法的水污染。

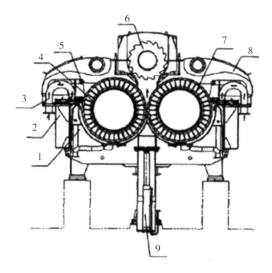

图 3-2　SJA 折流弧形布浆的双辊压榨洗浆机

1—中底；2—槽体；3—上刮刀；4—固定辊；5—喷淋装置；

6—输送螺旋；7—移动辊；8—机罩；9—升降装置

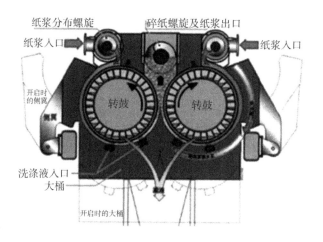

图 3-3　SJA 螺旋机械式布浆的双辊压榨洗浆机

（3）技术特点及主要技术经济指标

基于置换-挤压洗涤的提取技术，黑液提取率大于 90%，纸浆卡伯值低于 8，减少漂白助剂用量，实现漂白中段废水排放量小于 30 m^3/t 浆。与传统技术相比，COD、BOD 降低 30% 以上。

（4）示范工程及推广应用工程信息

本技术已在河南驻马店市白云纸业化学浆制浆生产线推广应用。

（5）技术就绪度

验收时技术就绪度达7A。

（6）依托单位

华南理工大学。

3.1.3 无元素氯清洁漂白技术

（1）技术内容及基本原理

化学法制浆清洁漂白技术包括无元素氯漂白（ECF）技术和全无氯漂白（TCF）技术。ECF 技术由于良好的纸浆物理强度和漂白白度稳定性及成本优势，仍是当前化学法制浆的主要漂白技术；而随着氧脱木质素、臭氧漂白技术的日益优化，逐步降低 ClO_2 的用量，从而降低漂白废水中 AOX 的含量，该技术是化学法制浆清洁漂白的优选技术。氧脱木质素是 ECF 技术的关键一段，氧脱木质素作为蒸煮的继续及漂白的起始，脱木质素率达 35% ~ 50%，同时大幅降低漂白段废水的污染负荷，包括 BOD、COD 及色度；通过改变氧脱木质素的工艺条件，氧脱木质素已能适应多种浆种的漂白，如硫酸盐木浆及苇浆、竹浆等非木浆的漂白。

典型的 ECF 流程为 O – D – E – D，图 3 – 4 是 $ODE_{op}D$ 漂白工序。蒸煮后纸浆通过增设浓缩挤压设备来提高洗涤效果，同时将氧脱木质素废水也逆流回用到提取工段，从而使黑液提取率达 85% 以上。深度脱木质素技术是指横管连续蒸煮与氧脱木质素的协同作用技术，通过确定最适宜的工艺条件，使漂前非木浆的硬度尽量降低，同时又保证纸浆的强度和得率。清洁漂白技术是指采用环境友好型的漂白剂进行漂白生产的技术，主要是开发适合示范工

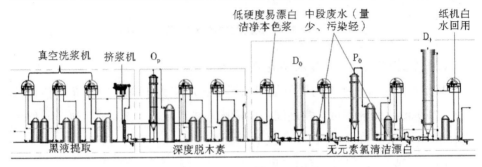

图 3 – 4　$ODE_{op}D$ 漂白工序

程企业生产的压力过氧化氢漂白技术及无二氧化氯漂白技术，同时研发与之相配套的漂白反应塔及混合器等关键设备。

（2）适用范围

适用于非木材和木材纤维原料化学法制浆的清洁漂白，降低含氯漂白助剂的用量，降低漂白废水中 AOX 等含量，从源头控制木材化学法的水污染。

（3）技术特点及主要技术经济指标

氧脱木质素率可达35%～50%，纸浆卡伯值低于8，减少漂白助剂用量，实现漂白中段废水排放量小于 30 m^3/t 浆。与传统技术相比，COD、BOD 降低30%以上，AOX 较传统减少50%以上。

（4）示范工程及推广应用工程信息

本技术已在河南驻马店市白云纸业原麦草化学浆制浆生产线、广西博冠纸业蔗渣浆生产线和广西永鑫纸业蔗渣浆生产线推广应用。

（5）技术就绪度

验收时技术就绪度达7A。

（6）依托单位

华南理工大学。

3.2　化学机械法制浆废水资源化利用成套技术

3.2.1　高低浓协同磨浆新工艺

（1）技术内容及基本原理

APMP 工艺的改进在于压力磨浆的改变。早期的 APMP 一段高浓磨浆是在30%～35%的浓度、略高于常压的压力下进行的，二次蒸汽经洗涤器与白水混合产生污热水后进入污水处理站，这样一来，蒸汽没有得到充分利用，产生的污热水加大了污水处理站的负荷；同时，因为污热水的水温较高，改变了污水处理站好氧生物菌的适宜温度（32～35 ℃），给污水处理带来负面影响。新的 P－RC APMP 工艺设计是在进入一段磨浆前增加了一个旋转阀，木片在进入磨浆段后变成了压力磨浆。而且，另有研究表明，磨浆机在比预汽蒸更高的压力下运行不会影响纸浆的质量，因为木质素在磨浆机内的短时间停留不会产生玻璃化转折。这样，在不改变浆料性质的前提下，磨浆会产生0.25 MPa 左右更高压力的二次蒸汽，二次蒸汽回用于磨浆前的加热单元，如木片仓、反应仓等，同时二次蒸汽通过再沸器产生的新鲜蒸汽的压力也足够高（约0.2 MPa），可以通过增压装置（如热泵或机械压缩机）提高压力后回用至其他生产系统，最后只排放少量的污冷凝水，这样就大幅降低了污水量，同时能量也得到充分利用。APMP 二段磨高低浓配置与 CTMP 的相同。不同的是，APMP 磨浆主要采用双盘磨，双盘磨的主要优点是空载的能耗低，可以施加较高荷载与较大转速，磨片设计有更大的灵活性。

原来生产线有一台低浓磨和一台渣浆磨，对于成浆游离度来说，最低只能做到 340 mL，距离文化纸机所使用的游离度（240 mL）相差 100 mL 左右。如果要把成浆游离度再往低的方向打浆，则会降低产量，且耗电损失会很大，大约吨浆要损失电 150 kW·h，长期这样运行吨浆成本会升高。因此，需要增加低浓磨，使低浓磨和渣浆磨都做到可并联、可串联运行，来满足浆料生产需要（图 3-5 和表 3-1）。

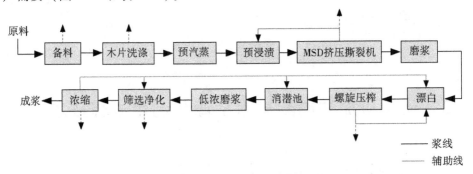

图 3-5 新型 P-RC APMP 流程

表 3-1 某杨木 P-RC APMP 工艺关键控制参数及消耗指标

项目	参数值	
预处理	木片预汽蒸仓温度/℃	100
	1# 反应仓温度/℃	85
	2# 反应仓温度/℃	97

项目	参数值	
一段磨浆	一般高浓磨浆浓度	21.3%
	一般高浓磨间隙/mm	4
	一段高浓磨浆压力/bar①	1.86
	一段卸料管压力/bar	0.69
漂白	漂白温度/℃	90
	漂白时间/min	80
二段磨浆	二段高浓磨浆间隙/mm	2.23
	二段高浓磨浆压力/bar	1.87
	二段御料管压力/bar	1.09
消遭	消遭温度/℃	90.5
水电消耗	电消耗量/［（kW·h）/t浆］	1100~1150
	清水/（t/t浆）	10
主要化学品消耗（kg/t 风干浆）	H_2O_2	68
	NaOH	46
	DTPA	3.6
	Na_2SiO_3	27

注：①1 bar = 100 kPa

（2）适用范围

适用于木材纤维原料的化学机械法制浆低污染生产，降低能耗，提高纸浆质量。

（3）技术特点及主要技术经济指标

适应不同磨浆段磨浆条件的要求，一段高浓提高纤维解离，二段低浓提高纸浆打浆度，降低能耗，废水排放量 <10 m³/t 浆。

（4）示范工程及推广应用工程信息

示范工程依托山东太阳纸业股份有限公司的一条年产15万t的化学机械浆生产线，以杨木为原料。

（5）技术就绪度

验收时技术就绪度达7。

（6）依托单位

华南理工大学、中国造纸协会。

3.2.2　螺旋压榨高效洗涤技术

（1）技术内容及基本原理

化学机械制浆工艺中的木片挤压处理是将来自预汽蒸之后的木片中的空气、水分或药液等挤出，木片的干度提高至50%～60%，并使木片结构变得疏松，有利于化学药液的浸渍，同时还起到封闭系统的作用。木片厚度尺寸不均匀，在预汽蒸时排除的空气也不均匀。所以，为了保证药液对木材原料的均匀浸透，木片必须经过挤压处理之后才进入预浸渍器。木片挤压处理所采用的设备主要是螺旋挤压机，其最大特点是采用了变径、甚至变距且耐磨的输送螺旋。螺旋挤压机运行时，随着输送螺旋的螺距和螺叶直径的逐步减小，输送木片的空间容积被不断压缩，导致木片受到较大程度的挤压、剪切、扭曲，以致木片软化裂解为小块或木丝。木片的挤压程度直接影响成浆的白度和强度性能及纤维束的含量，而且主要受螺旋挤压机螺旋压缩比的影响，因为螺旋压缩比是控制挤压木片程度的关键参数。目前，化学机械浆生产预处理温度70～80 ℃，停留时间为60 min 左右，直至漂白完成后木片/木丝才被送至一段磨浆机磨浆。生产实践证明，挤压螺旋的压缩比控制在4∶1较为妥当。压缩比太大，不仅会造成螺旋挤压机的动力消耗迅速升高，对木材纤维损伤较大，而且因生成大量热能致使木片升温过高，给漂白带来较大困难；压缩比太小，木片得不到较好的药液浸渍，进而影响成浆质量。螺旋挤压设备的结构主要为单螺旋和双螺旋两种方式。在螺旋挤压机的木片压缩段，由于螺旋轴和叶片的磨损非常严重，实际生产中除选用强度高、耐磨性好的材料外，对于磨损非常严重的部位，将其外表面结构设计成可拆卸和更换的由标准配件组合而成的形式，避免了因螺旋轴或叶片局部磨损而更换整个螺旋轴带来的麻烦，以及由此造成的停机时间长的生产损失。

原生产流程只有一台SCP1005 螺旋压榨，洗涤后成浆电荷需求能从4000 ueq/L降到2000 ueq/L，成浆电荷需求量较高，不能满足生产需要。针对以上情况，经过大量的分析和验证，通过新增一台螺旋挤压脱水机（图3-6），提高压缩比，能够在不降低产量的情况下有效地降低成浆电荷的需求量，保证洗涤效果，满足生产需求。通过增加一台螺旋压榨机，和原来的压榨机串联，提高浆的洗涤质量，降低浆内电荷，两段不同压缩比配合使用，增加废液挤出，从而使废水有机物浓度升高，有利于后续废水蒸发处理。

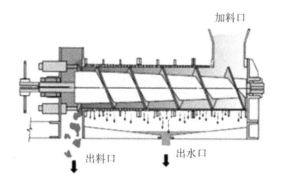

图 3 - 6　螺旋挤压脱水机示意

（2）适用范围

适用于木材纤维原料的化学机械法清洁制浆生产。

（3）技术特点及主要技术经济指标

提高浆的洗涤质量，降低成浆电荷需求量，两段不同压缩比配合使用，增加废液挤出，从而使废水有机物浓度升高，有利于后续废水蒸发处理。

（4）示范工程及推广应用工程信息

示范工程依托山东太阳纸业股份有限公司的一条年产 15 万 t 的化学机械浆生产线，以杨木为原料。

（5）技术就绪度

验收时技术就绪度达 7。

（6）依托单位

华南理工大学、中国造纸协会。

3.2.3　过程水过滤 - 沉淀协同处理回用技术

（1）技术内容及基本原理

传统化机浆的筛选系统适用于纸板级的筛选系统，筛缝是 0.15 mm。新的设计把原来的 F50 和 F40 压力筛作为一段主筛，筛缝更改为 0.12 mm。再加一台 F50 压力筛作为渣筛，筛缝也设计为 0.12 mm，以保证成浆质量，使传统化机浆用于生产文化纸。

由于筛选浓度限制，所以用水量很大，筛选出的浆料通过多圆盘过滤机进行纤维浓缩和滤液分离，分离的滤液在滤液槽中沉淀后分为浊滤液和清滤液，浊滤液循环回用到漂白塔、消潜池等地方浆料的稀释。清滤液则循环回用到系统各补水点，并具有以下用途：①洗网和冲网喷淋，用于圆盘过滤机、转鼓洗浆机、双网压榨机、双辊压榨机、斜筛等设备；②精磨机喂料稀释，使用清洁白水替代浓白水，可减少白水中细小纤维对纸浆游离度的影响；③筛选净化的尾渣再磨前的稀释，可最大化实现除节和纤维束的回用；④最后一段纤维回收净化器的稀释，可使纤维的流失最小化；⑤回用到木片洗涤系统，可减少清水的补充。

通过以上技术升级，进一步完善了化学机械法制浆的水循环回用网络（图 3 - 7），化机浆木片洗涤水经内部处理后回用，部分废水随渣带走；MSD 挤压撕裂机、SP 螺旋压榨机、筛选净化浓缩挤出废液经处理后回用，多余部分进废液收集池，经进一步过滤净化处理后，送 MVR 蒸发系统。采用新的水循环路线后，生产线的废水产生量降至 10 m^3/t 浆以下，各工序产生的废水及外排废水的物化特性如表 3 - 2 所示。

表 3 - 2　化学机械法制浆各工序产生的废水及外排废水的物化特性

项目	COD/ （mg/L）	电导率/ （mS/cm）	固形物/ （g/L）	元素分析/（mg/L）					
				Na	K	Si	Ca	Mg	Cl
木片洗涤水	~3000	1.59	2.41	345	91	50	53	22	43
MSD 废水	15 000 ~ 19 000	4.06	10.35	1145	536	149	112	78	290
SP 废水	17 000 ~ 26 000	11.47	23.61	7869	517	560	44	50	265
筛选废水	~7000	1.61	11.6	197	32	77	27	12	41
送蒸发废水	17 000 ~ 20 000	10.64	22.57	4706	512	504	104	44	270

通过对化学机械法制浆外排废水污染物解析发现，采用水封闭循环后，我国化机浆吨浆耗水量从过去的 20 m^3 以上降至现在的 10 m^3；COD 浓度由过去的 5000 ~ 7000 mg/L 增加到 10 000 ~ 20 000 mg/L（表 3 - 2 和表 3 - 3），如果按常规三级废水处理，即使处理效率达到 98%，外排废水 COD 浓度仍有 300 ~ 400 mg/L，无法直接达到 GB 3544—2008 的排放限值要求。

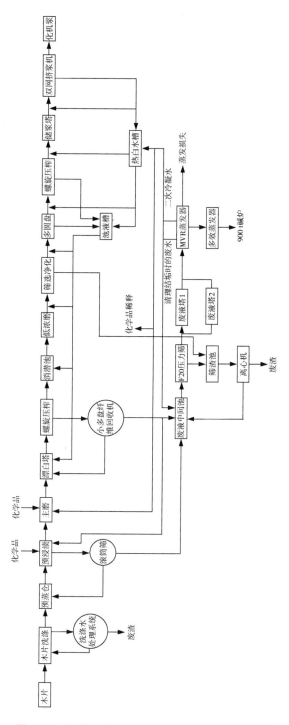

图 3 - 7　化学机械法制浆废水循环网络优化路线

表3-3 国外一些化学机械浆企业的废水量和污染负荷量

厂名	国家	工艺	废水量/(m³/t)	COD浓度/(mg/L)	COD负荷/(kg/t)
M-real,Joutseno	芬兰	杨木BCTMP	10	15 000	150
M-real,Kaskinen	加拿大	杨木BCTMP	10	15 000	150
Meadow Lake	加拿大	杨木BCTMP	12	14 000	168
Tembec,Matane	加拿大	杨木BCTMP	24	7000	168
美国某企业	美国	杨木BCTMP	10	15 890	159

（2）适用范围

适用于木材纤维原料的化学机械法制浆清洁生产。

（3）技术特点及主要技术经济指标

降低了水的用量，充分利用了废液中的化学药品，同时提高了废液的浓度，为后续的 MVR 蒸发提供了良好的条件。

（4）示范工程及推广应用工程信息

示范工程依托山东太阳纸业股份有限公司的一条年产 15 万 t 的化学机械浆生产线，以杨木为原料。

（5）技术就绪度

验收时技术就绪度达 7。

（6）依托单位

华南理工大学、中国造纸协会。

3.2.4 基于"MVR-多效蒸发-燃烧"碱回收处理技术

（1）技术内容及基本原理

APMP 或者 P-RC APMP 采用节能型机械蒸汽再压缩蒸汽器（MVR），首先，对化学机械法制浆车间送来的约 1.5% 的废液先进行预浓缩，浓缩分为两个区域，在第一个区域时污水的浓度达 7%，在第二个区域时污水的浓度达15%；其次，选用国产的多效板式降膜蒸发器和国内先进的结晶蒸发技术，蒸发效率约为 5.2 kg 水/kg 汽，较传统工艺（蒸发效率为 3.5 kg 水/kg 汽）节省用汽量，产出的废液固形物浓度达 65%；然后，采用国内先进的低臭型次高压碱回收炉来燃烧黑液，碱回收率在 98.0% 以上，远远高于传统碱回收率 85% ~93% 的指标，同时回收热量，减少恶臭气体排放；再次，采用国内先进的连续苛化工艺，白泥干度可达70%，用来生产碳酸钙。最终，达到化学机械浆制浆废水零排放的目的，其网络优化路线如图3－8所示。

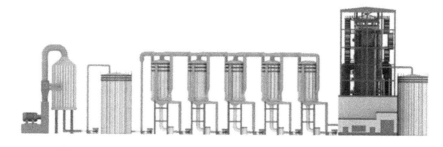

图3－8　化学机械法制浆废水循环网络优化路线

机械蒸汽再压缩（MVR）技术是重新利用蒸发浓缩过程中产生的二次蒸汽的冷凝潜热，减少蒸发过程中对外界能源需求的一项先进节能技术。其原理是利用蒸汽压缩机对二次蒸汽进行机械压缩，提高二次蒸汽的热焓值，用于补充或完全替代新鲜蒸汽。与传统的多效蒸发相比，MVR技术具有能耗低、效率高、占地面积小等优点。MVR系统具有先进的冷凝水分离技术，能把降膜蒸发器产生的干净冷凝水和污冷凝水分离，使得前者完全回到化学机械浆车间作为清水使用，后者则全部应用于化学机械浆车间的木片洗涤工段，实现化机浆废水梯级循环回用。实践证明，与直接多效蒸发工艺相比，采用MVR技术与多效蒸发相结合的组合蒸发工艺具有优势，废液的起始浓度越低，优势越明显。

如表3－4所示，MVR技术的主要运行成本是电耗，电耗与二次蒸汽的压缩比等有关，在设计中，需要进行多方面的计算。例如，针对不同的废液浓缩比、不同的二次蒸汽的压缩比、各种条件下MVR蒸发器的面积、电耗等各方面进行计算，以选择一种在技术上、经济上具有明显优势的MVR技术与多效蒸发相结合的组合工艺。但值得注意的是，如表3－5所示，化学机械法制浆废水普遍存在悬浮物含量高、蒸发易结垢等难题，需要在生产过程中加以解决。

表3－4　两种蒸发工艺处理APMP废水的运行情况

项目	8效蒸发站	组合蒸发工艺	
		MVR预浓缩	3效蒸发站
蒸发水量／（t/h）	588	556	32
进站浓度	1.5%	1.5%	19.63%

续表

项目		8 效蒸发站	组合蒸发工艺	
			MVR 预浓缩	3 效蒸发站
出站深度		65%	19.63%	65%
蒸发器面积/m²		39 200	40 000	3300
冷凝器面积/m²		3600	—	400
消耗量	蒸汽/（t/h）	91	—	15
	电/[（kW·h）/h]	2940	11 000	380
	水/（t/h）	3500	—	400
运行成本	/（元/h）	17164	6600 + 2678 = 9278	
	/（元/t 蒸发水量）	29.2	16.8	
	/（万元/24 h）	41.2	22.3	
	/（万元/340 d）	14 008	7582	

表 3 - 5　化学机械法制浆废水中的纤维含量与 TSS 数据对比

	APMP 废水			CTMP 废水				
纤维含量/（mg/kg）	45.47	43.92	42.91	79.05	95.37	136.25	68.68	72.71
TSS/（mg/kg）	860.0	890.4	837.7	589.0	521.4	496.6	477.6	501.4

蒸发过程产生的垢主要为纤维类垢和无机物垢，对于纤维类垢，通过加强废液过滤、及时更换污水筛的筛框等方式，可以把悬浮物含量控制在≤50 mg/kg，结垢后也可以通过碱煮的方法去除纤维垢，但无机垢无法去除。仍要寻找除去无机垢的适用方法才能解决此问题。通过对垢样进行分析，从表 3 - 6 数据可知，垢样中的水不溶物含量为 94.03%，总 CaO 含量为 20.55%，总 MgO 含量为 5.77%，以 SiO_2 为主的酸不溶物含量为 29.17%，另外，磷酸盐含量为 4.64%，铁铝氧化物含量为 1.69%，硫酸盐及水溶性碱等的含量相对较少。进一步对各组分来源进行分析，从表 3 - 7 数据可知，垢层中 Ca 元素主要来源于纤维原料，所用清水硬度较高，也是 Ca 元素的主要来源之一；Mg 元素主要来源于清水；P 元素主要来源于杨木及 DTPA 溶液；Na 元素主要来源于 NaOH 溶液和 Na_2SiO_3 溶液等药品；Mn 元素主要来源于桉木；Si 元素主要来源于 Na_2SiO_3 溶液，部分来源于清水、NaOH 及 DTPA；钙盐、硅酸盐等除

以上来源外，原料中所带的砂石、尘土也有贡献。

表 3-6 垢样的组分分析

组分	垢样含量
水不溶物	94.03%
CO_3^{2-}	6.93%
总 CaO	20.55%
总 MgO	5.77%
酸性溶液（以 SiO_2 为主）	29.17%
水溶性碱（以 Na_2O 计）	0.19%
铁铝氧化物	1.69%
PO_4^{3-}	4.64%
SO_4^{2-}	0.46%

表 3-7 垢样和不同纤维原料、化学品和清水的元素分析

元素	Ba	Al	Ca	Fe	K	Mg	Zn	Mn	Na	P	S	Si
垢样	0.03%		15.74%	0.08%	0.03%	1.47%	0.02%	0.19%	0.49%	1.54%	0.01%	0.24%
杨木		18.57%	0.63%	22.11%					1.9%	1.75%		
杨木			18.82%	1.89%	18.09%			1.31%		2.90%	1.44%	
清水/(mg/L)			68.24			23.31			20.95		15.03	10.37
NaOH/(mg/L)	9.60	1.54	3.23							2.93	39.25	
Na_2SiO_3/(mg/L)	5.11	1.20	1.55							1.9		
DTPA/(mg/L)		9.97	4.29			1.05				524.9		385.1

因此，为了从源头对垢进行防控，需要使用硬度低的新鲜水以尽量减少钙镁垢的形成；通过调整或替代 Na_2SiO_3 的加药量来降低系统中硅元素；系统避免使用含铝的衬材，减少硅酸铝顽固垢的形成；改善洗浆效率，降低废液中纤维含量，减少有机垢的形成；加入合适的阻垢剂（抑制草酸钙类垢），通过晶格畸变、络合增溶、凝聚与分散等作用使离子难以结晶，减缓垢层的生长。另外，针对化学机械法制浆废液易结垢的特点，还需要对机械蒸汽再压

缩式 MVR 蒸发系统的适用性改造，实现非均质化机浆低浓废水的 MVR 高效预浓缩技术。

①把 MVR 蒸发系统内的废液循环泵由恒速控制改为变频控制，恒速控制流量稳定，但结垢现象随使用时间日趋严重，蒸发效率下降，改为变频控制可在蒸发效率下降时提高频率，增加废水流量和速度，提高了冲刷能力，延缓结垢进度，使 MVR 蒸发系统的清垢时间延长 5～10 天，延长稳定运行时间，提高了使用效率。

②在 MVR 蒸发系统内部增焊清洗设备，为清理人员彻底清理检查设备内部洁净度创造条件。由于化机浆废水杂质多，含硅量大，易结垢，而原 MVR 蒸发系统由于没有用于化机浆废水蒸发的实践，没有设计彻底清洗装备，只在需清洗时停机用水枪清洗，清洗强度不大，且存有死角，清理后使用周期为 1 个月，1 个月后，蒸发效率下降。本技术在 MVR 蒸发系统内每 2 m 焊接一清洗装备，并焊接环形走台，保证操作人员安全，并便于检查，大幅提高蒸发系统内的洁净度，使清理后使用周期提高 1 倍，维持 2 个月。

③提高 MVR 蒸发系统的散热速度，减少停机时间，原 MVR 蒸发系统在顶部只设计一个"人"字孔，停机清理时单靠这一个"人"字孔自然散热，由于内部温度较高，散热面积少，需 10 h 后才能进人。通过增开 4 个"人"字孔，并配备辅助风机，停机清理时可迅速排风散热，散热时间由 10 h 缩减为 4 h。

④把变频蒸发风机改为恒速蒸发风机，采用国产 3000 kW，1500 r/min 的恒速电机和 2 倍增速机，控制稳定，且不受国外限制。

⑤增设废液过滤槽，实现 MVR 蒸发系统废液与固废的循环回用。通过在 MVR 蒸发系统底部增设废液过滤槽，实现固液分离，固态垢片与废液按所涉及的新流程回用和处理，每次清理可循环回用 100 m³ 的废液，相当于节约清水 100 m³。

⑥增加碱回收白液膜过滤系统，替代商品碱用于生产过程。经过分析和实验，证明化机浆车间所使用的部分商品碱可以被碱回收的白液替代。但是，如果直接替代，则会有以下问题：碱回收的白液中含有 $CaCO_3$ 和其他不可溶性物质，当白液在参与漂白时，白液中的 OH^- 与双氧水反应产生过氧氢根离子（HOO^-），使纸浆中的发色基团褪色，从而提高纸浆白度。但同时双氧水也会和白液中的 $CaCO_3$ 和其他不可溶性物质发生无效反应，消耗了用在漂白上的双氧水，从而造成了双氧水的浪费。采用过滤的目的是去掉这部分 $CaCO_3$

和其他不可溶性物质，减少双氧水的无效分解，降低漂白时的双氧水用量，降低生产成本。针对以上情况，新设计一套不锈钢膜过滤系统，对白液进行过滤，这种膜优于其他种类的膜，滤液用于预浸渍段，能够满足生产需求。通过这一改造，去掉回收白液中 $CaCO_3$ 和其他不可溶性物质，大幅降低了碱回收白液的浊度，黑色杂质完全被去除；使用过滤后白液，可减少双氧水用量 6%，有助于降低废水产生量和生产成本。

⑦二次蒸汽有机物清除技术。随着时间的推移，MVR 蒸发器蒸汽侧板片出现了结垢问题，经分析垢的组分主要是树脂，主要来自二次蒸汽冷凝析出物。通过对 MVR 蒸发器结构进行优化设计，在二次蒸汽管道上增设一个洗汽塔，利用气液传质理论，把蒸汽中夹带的有机组分洗涤下来，从而减缓蒸发器的结垢，清垢周期增加到 40 d 以上。

总体来说，与传统生物处理技术相比，化学机械法废水近"零排放"处理技术不仅能满足最严格的制浆造纸水污染物排放标准，而且能回收废水中的纤维、碱和能量，节约了能源和资源，产生较好的经济效益，综合成本已经低于传统水处理成本，真正实现了清洁生产和循环经济，对加速推进我国林纸一体化进程具有重要意义和良好的经济、社会和环境效益。因此，本技术实现了化机浆废水碱回收，为目前化机浆废水只能通过深度处理达标排放提供了一个更好的选择。

（2）适用范围

适用于木材纤维原料的化学机械法制浆清洁生产。

（3）技术特点及主要技术经济指标

对机械蒸汽再压缩式 MVR 蒸发系统的适用性改造，实现非均质化机浆低浓废水的 MVR 高效预浓缩技术；废液循环泵由恒速式改到为变频式，延缓结垢速度，提高蒸发效率；新设清垢废液收集过滤槽，减少废水排放，减少废液排放。可以实现碱回收近 100%。废水排放量 $< 10 \ m^3/t$ 浆。

（4）示范工程及推广应用工程信息

示范工程依托山东太阳纸业股份有限公司的一条年产 15 万 t 的化学机械浆生产线，以杨木为原料。

（5）技术就绪度

验收时技术就绪度达 7。

（6）依托单位

华南理工大学、中国造纸协会。

3.3 废纸制浆过程水处理与循环回用成套技术

3.3.1 双转鼓高浓碎浆工艺

（1）技术内容及基本原理

转鼓碎浆机是一种柔和的碎浆设备，在去除胶粘物和油墨效率方面优于高浓水力碎浆机，而且能够连续生产，因此应用不断增加。转鼓式碎浆机多用于大型废纸纸浆厂，可实现碎浆和除筛选功能，后接脱墨系统，最常见的就是应用于报纸和杂志纸，由于作用力柔和特别适合低湿强度的纸和纸板。市场上转鼓式碎浆机有多种。例如，Andritz 公司的 SD 系列转鼓碎浆机，是将碎浆段与筛选段连成一体，且转鼓直径及其长度都随产能不同而不同；Metso 公司的 OSD 型转鼓碎浆机，也是将碎浆段与筛选段连成一体，其长度则随产能的增加而增加，但转鼓直径只有一种，均为 4 m，这种转鼓碎浆机是使用轮胎代替齿轮传动，因此运行噪声小、吸收冲击负荷好、维护简单，但摩擦传动的效率比齿轮传动低；美国 KBC 公司的 ZDG 型转鼓碎浆机结构和 Andritz 公司产品类似，Voith 公司的 Twin Drum 转鼓型连续碎浆机，将碎浆段和筛选段分成两段，分别进行传动，其另一个特点是碎浆段内增设了 D 形鼓芯，可以提高废纸在提升挡的上升高度，同时可提供额外的剪切力，能用于含有一定湿强剂的废纸碎解。

高浓转鼓碎浆机碎解废纸的过程更加温和，机械作用在碎解过程中仅仅起到抬高浆料把动能转换成势能的作用。因此，转鼓式碎浆机对纤维的保护作用更强，这对角质化程度较重很难正常润涨的二次纤维来说很重要。但也正是因为碎解作用温和，废纸要由纸张碎解成单根纤维、要在转鼓式碎浆机中停留的时间较水力碎浆机长，特别是较连续式的水力碎浆机长。一般转鼓碎浆机废纸的停留时间为 10 ~ 20 min，而连续式水力碎浆机的碎解时间可以缩短到 7 ~ 8 min。长时间的碎解作用会造成已经碎解下来的细小油墨粒子在纤维表面重新吸附，这些吸附有部分是不可逆的。因此，对于转鼓式碎浆机来说，在保证浆料碎解效果的前提下，需尽可能缩短废纸在碎浆机内的停留时间。有学者曾经对比转鼓式碎浆机和水力式碎浆机碎浆后浆料的白度，发现转鼓式碎浆机碎解后浆料的白度要比水力式碎浆机碎解后浆料的白度低3.0%～4.0% ISO，然而，在近中性条件下，使用转鼓式碎浆机碎解水性油墨时，油墨粒子的黏附却比水力式碎浆机少。另外，转鼓式碎浆机在保留大胶粘物方面要比水力式碎浆机做得好。由于碎浆作用温和，废纸中的胶料可以保持较大尺寸，在筛选阶段及时排出浆料体系中，防止胶粘物的碎解。由于转鼓式碎浆机可在20%～25%的高浓下工作，较高浓水力碎浆机的浓度高很多，相应的动力消耗较间歇式高浓水力碎浆机低约50%，其缺点主要是占地面积大、设备投资费用大。

国内在鼓式碎浆设备研发方面也不断突破，20万～30万 t/a 的废纸成套处理设备已经实现国产化。例如，郑州运达开发的鼓式碎浆机（图3－9），在高浓14%～22%下运行，产生柔和地揉搓、摩擦运动，使纤维充分润涨分离，充分保留了废纸纤维的强度和长度；连续碎解和粗筛选时，由于无强烈运动的转子结构，无须耗能于不必要的搅拌和剪切运动，能量仅消耗在转鼓的旋转上，比传统高浓碎浆机节能50%左右。近期开发的 ZDG 425 型鼓式碎浆机，转鼓直径4250 mm，最大废纸处理量1200～1600 t/d（风干），适用于OCC、ONP、OMG 等多种原料，分类拣选效率提高60%～70%，重渣去除率达90%，电机功率仅1000～1400 kW。

图3－9　国产转鼓碎浆机（郑州运达）

（2）适用范围

适用于废纸为原料节水降耗制浆造纸生产。

（3）技术特点及主要技术经济指标

双转鼓高浓碎浆机高浓（18%～20%）条件碎浆，传统低浓约5%，可以节约碎浆用水量。废水排放量 < 10 m^3/t，浆节水超过 70%，废水重复利用率达 99%。

（4）示范工程及推广应用工程信息

示范工程依托山东华泰纸业股份有限公司的一条废纸生产线。

（5）技术就绪度

验收时技术就绪度达 7。

（6）依托单位

华南理工大学、中国造纸协会。

3.3.2 复配中性脱墨

（1）技术内容及基本原理

在废纸脱墨过程中，脱墨剂起着不可忽视的作用。脱墨剂的作用是将油墨中的连接料成分——黏结剂皂化或乳化，使它们溶于水中，并防止从纤维上脱墨下来的油墨粒子再附着于纤维上。具体来说，它的功能主要体现在对废纸原料的润湿，以及对油墨粒子的乳化、洗涤、分散、捕集等方面。常用的脱墨剂是由表面活性剂和无机药品组成，或是多种表面活性剂的复配物。

新型中性脱墨剂的复配脱墨剂通过降低废纸纤维与印刷油墨的表面张力而产生皂化、润湿、渗透、乳化、分散和脱色等多种作用，其中表面活性剂在脱墨的两个重要阶段：油墨解离（将油墨与纤维分离）和浮选（除去油墨）都起着非常重要的作用，因此，表面活性剂的选择是脱墨成功与否的关键。新型中性脱墨剂小试实验流程如图 3 – 10 所示。实验以单组分表面活性剂脱墨剂为基准（表 3 – 8），对比分析了二元复配中性脱墨剂和三元复配中性脱墨剂。

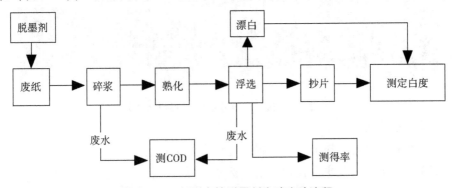

图 3 – 10　新型中性脱墨剂小试实验流程

表 3 - 8　单一表面活性剂的脱墨效果

表面活性剂	HLB 值	白度
Z_1	16.4	45.6%
Z_2	18.0	44.8%
Y_1	10.6	46.2%
Y_2	40.0	44.2%
Y_3	—	46.5%
Y_4	32.4	46.7%
F_1	14.5	48.4%
F_2	16.5	47.6%
F_3	13.5	48.2%
F_4	12.0	47.8%
F_5	—	47.1%
F_6	—	44.8%
F_7	—	44.3%
空白试验	44.1	—

表面活性剂之间的复配的原则如下：

①根据表面活性剂的亲水亲油平衡值（HLB 值）选定适合脱墨用的表面活性剂，一般只有 HLB > 8 的表面活性剂才适用于脱墨；

②选用的表面活性剂应具有良好的渗透能力、适当的乳化分散能力、适当的起泡能力及较好的油墨捕集功能；

③复配体系脱墨剂的成本分析，在之前相同的条件下进行中性脱墨实验，分别实现阴离子与阴离子表面活性剂、非离子与非离子表面活性剂、阴离子与非离子表面活性剂等不同表面活性剂之间的复配，根据脱墨效果，分别探讨在中性脱墨实验中不同表面活性剂之间的协同增效作用。

从表 3 - 9 可以看出，在中性脱墨实验中，大部分使用两种表面活性剂复配的脱墨剂的脱墨浆白度要高于使用单一表面活性剂的脱墨浆白度，脱墨效果最好的是阴离子与非离子复配的结果（$Y_1 + F_1$），这说明不同种类的表面活性剂按照不同的形式进行组合能提高脱墨效果，两种不同的表面活性剂混合后，两种分子之间发生了相互作用，产生了加和增效作用。

表 3 - 9　表面活性剂不同复配组合的脱墨效果

表面活性剂复配组合	白度	表面活性剂复配组合	白度
$Y_1 + Y_3$	47.2%	$Y_1 + F_3$	48.9%
$Y_1 + Y_4$	46.9%	$Y_1 + F_4$	49.0%
$Y_1 + Z_1$	48.3%	$Y_1 + F_5$	48.7%
$Y_3 + Y_4$	47.2%	$Y_3 + F_1$	49.3%
$Y_3 + Z_1$	47.7%	$Y_3 + Y_2$	48.9%
$Y_4 + Z_1$	47.4%	$Y_3 + F_3$	48.5%
$F_1 + F_2$	49.4%	$Y_3 + F_4$	48.3%
$F_1 + F_3$	49.0%	$Y_3 + F_5$	48.0%
$F_1 + F_4$	49.0%	$Y_4 + F_1$	48.7%
$F_1 + F_5$	48.4%	$Y_4 + Y_2$	48.3%
$Y_2 + F_3$	48.8%	$Y_4 + F_3$	48.3%
$Y_2 + F_4$	48.5%	$Y_4 + F_4$	48.8%
$Y_2 + F_5$	48.2%	$Y_4 + F_5$	47.9%
$F_3 + F_4$	48.3%	$Z_1 + F_1$	48.9%
$F_3 + F_5$	48.4%	$Z_1 + Y_2$	48.1%
$F_4 + F_5$	48.1%	$Z_1 + F_3$	48.2%
$Y_1 + F_1$	49.7%	$Z_1 + F_4$	48.5%
$Y_1 + F_2$	49.2%	$Z_1 + F_5$	48.2%

　　为了进一步探讨表面活性剂之间的相互作用和协同效应，在双组分表面活性剂的实验基础上，选择脱墨较好的复配组合，分别再加入一种表面活性剂，3 种表面活性剂的质量比为 1∶1∶1，在和之前相同的条件下进行一组 3 种表面活性剂复配的脱墨实验，表面活性剂的复配组合和实验结果如表 3 - 10 所示。可以看出，3 种表面活性剂复配后的脱墨效果一般要比两种表面活性剂复配体系的好，这是由于随着脱墨过程中表面活性剂种类的增加，不同表面活性剂之间的相互作用力增多，协同效应变强，表面活性剂与油墨粒子的相互作用也增强，更有利于油墨的脱除，使脱墨作用更完全，脱墨浆白度提高。特别是在阴离子和非离子表面活性剂复配体系中，加入脂肪酸类后脱

墨效果更明显，主要是由于其中的阴离子表面活性剂起到洗涤、去污作用，非离子表面活性剂起到润湿、渗透、乳化作用，使油墨粒子从纤维上剥离下来，而脂肪酸主要起到捕集油墨粒子的作用，使脱除的油墨粒子从纸浆中浮选出去。

表 3 - 10　3 种表面活性剂复配后的脱墨效果

表面活性剂复配组合	白度
$Y_1 + F_1 + F_4$	51.4%
$Y_1 + F_1 + F_3$	49.6%
$Y_1 + F_1 + Z_1$	52.3%
$F_1 + F_2 + F_4$	50.8%
$F_1 + F_2 + Y_1$	51.2%
$F_1 + F_2 + Y_3$	51.4%
$F_1 + F_2 + Z_1$	51.6%
$Y_3 + F_1 + F_4$	50.6%
$Y_3 + F_1 + F_3$	49.8%
$Y_3 + F_1 + Z_1$	51.9%
$Y_1 + F_2 + F_4$	51.3%
$Y_1 + F_2 + Y_3$	51.4%
$Y_1 + F_2 + Z_1$	52.0%
$Z_1 + F_1 + F_4$	52.0%

（2）适用范围

适用于废纸为原料节水降耗制浆造纸生产。

（3）技术特点及主要技术经济指标

复配中性脱墨剂表面活性剂之间的复配的原则为：①根据表面活性剂的亲水亲油平衡值（HLB 值）选定适合脱墨用的表面活性剂，一般只有 HLB > 8 的表面活性剂才适用于脱墨；②选用的表面活性剂应具有良好的渗透力、适当的乳化分散能力、适当的气泡能力及较好的油墨捕集功能；③充分考虑复配脱墨剂的成本，脱墨效率超过 95%，废水排放量 < 10 m^3/t 浆，废水重复利用率达 90%。较传统脱墨相比，COD 降低约 20%。

（4）示范工程及推广应用工程信息

示范工程依托山东华泰纸业股份有限公司的一条废纸生产线。

（5）技术就绪度

验收时技术就绪度达6。

（6）依托单位

华南理工大学、中国造纸协会。

3.3.3　多级浮选技术

（1）技术内容及基本原理

多级浮选技术是基于颗粒和纤维的表面能不同而进行杂质分离的，其原理是将空气注入浆料中，并使固形物杂质从纤维中分理出来，可分3个阶段，即碰撞、附着和分离。第一阶段是固形物杂质和空气泡碰撞；第二阶段是固形物杂质和空气泡黏附在一起；第三阶段是气泡携固形物杂质浮到浆料液面形成含固形物杂质的泡沫，然后从浆料中分离出来。浮选设备包括浮选槽、浮选槽扩散器和消泡器等主体设备，同时配备有多盘浓缩机和尾段精筛。脱墨浮选能有效地除去 $50 \sim 250~\mu m$ 的颗粒，包括印刷油墨、胶粘物、填料、涂布颜料和黏合剂。脱墨浮选是基于颗粒和纤维的表面能不同而进行杂质分离的，其原理如图3-11所示。将空气注入浆料中，并使固形物杂质从纤维中分理出来，可分3个阶段，即碰撞、附着和分离。

为了保证有效浮选，油墨粒子必须首先从纤维上脱离，以便在浆料中自由移动，另外，其粒径大小必须在合适的范围内，因此，废纸的机械和化学处理非常重要。浆料中无附着的油墨粒子粒径分布很宽。例如，炭黑和颜料构成的油墨粒子大小为 $0.02 \sim 0.10~\mu m$，水性柔性印刷的油墨粒子聚集体大小为 $1 \sim 5~\mu m$，胶印油墨粒子聚集体尺寸达 $100~\mu m$，氧化的油墨聚集体，粒径达到了 $500~\mu m$ 以上，对于过大的油墨粒子，通常要采用分散剪切力来降低尺寸，而对于小的粒子则需要采用凝聚处理来使它们的尺寸变大一些。最常见的印刷油墨是疏水性的，可以用钠皂增强其疏水性，在浮选过程中，钠皂与水中的钙离子发生反应生产钙皂，作为捕集剂使小油墨离子聚集，同时还能改变涂料颗粒的性质，使其易于浮选。为了获得高的纸浆得率和最有效的杂质去除率，通常采用两段浮选：一段浮选的目的是为了改进纸浆白度和洁净度，满足纸浆质量的要求；二段浮选则是在不牺牲白度和洁净度的前提下，对一段浮选的浮渣进行再浮选，以回收其中的纤维，减少细小纤维损失，同时去除灰分。图 3 - 12 是一段浮选槽数与白度（浮选效率）关系，可以看出，一段脱墨 5 ~ 6 个槽体基本完成，满足纸浆质量的要求。

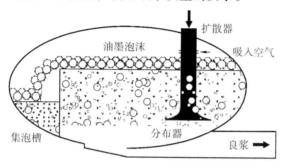

图 3 - 11　Eco - Cell 浮选槽

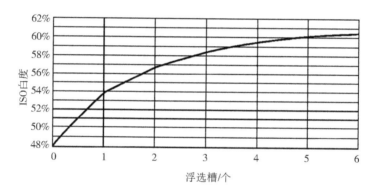

图 3 - 12　浮选槽对白度影响

（2）适用范围

适用于脱墨废纸制浆，高效脱墨。

（3）技术特点及主要技术经济指标

浮选槽切面椭圆形，每段 5 级，两段布置，脱墨效率超过 95%，废水排放量 < 10 m³/t 浆，废水重复利用率达 90%。

（4）示范工程及推广应用工程信息

示范工程依托山东华泰纸业股份有限公司的一条废纸生产线。

（5）技术就绪度

验收时技术就绪度达 6。

（6）依托单位

华南理工大学、中国造纸协会。

3.4 造纸过程水资源化利用技术

3.4.1 胶粘物控制技术

（1）技术内容及基本原理

为了降低吨纸水用量，现代造纸的封闭循环程度越来越高。影响水重复利用率主要是废纸制浆造纸过程的白水循环回用程度。在生产过程中，白水循环程度越来越高，随着开机运行时间的增加，白水中的危害性和污染性物质 DCS 会逐渐积累，严重时会显著影响造纸机的运行及产品的质量。

减少胶粘物对造纸负面影响的方法有很多。目前用于胶粘物控制的代表性方法是机械法和化学法。纸厂的设备（如筛子、除砂、气浮和洗涤设备）以机械法清除诸如尘埃、碎片、胶粘物等杂质。纤维回收系统中需要清除胶粘物的点或设备的确定取决于胶粘物本身的性质，如胶粘物的大小、熔点及一致性等。然而，由于普通废纸中胶粘物组成的多样性，有些胶粘物经过一段工艺就能除去，而有些胶粘物需要经过多步处理才能够去除。这也就意味着没有一台甚至一组设备能一次性去除所有的胶粘物。

化学处理是 DCS 捕集技术的重要方法，主要使用分散剂、聚合物和吸收剂使胶粘物或纸机表面钝化，或者是将附着在设备表面的胶粘物去除。

1）碎浆 pH 值对浮选脱墨过程胶粘物去除的影响

在实验过程中，尝试改变 pH 值进行碎浆，并对不同脱墨剂的浮选效果进行了比较。结果表明：随着碎浆 pH 值的增加，浆料中胶粘物含量相对有所增加。加入脱墨剂进行浮选后，胶粘物含量有了很大程度的降低。此外，通过优化碎浆 pH 值发现，pH 值接近中性时进行碎浆，废纸浆中胶粘物含量较少，浮选对胶粘物的去除效果较好。由于胶粘物筛选仪的筛缝为 0.1 mm，筛选后得到的胶粘物尺寸大小应该 >0.1 mm，染色压片后得到的胶粘物尺寸大小应该大于 0.007 85 mm^2，尺寸大小在 0.007 85 mm^2 以下的应归为杂质类。

从表 3-11 可以看出，随着碎浆 pH 值的不断提高，大胶粘物的含量也随之不断增加。碎浆 pH 值从 5.5 上升到 11.3，胶粘物数量从 13 个增加到 167 个，胶粘物含量从 303 mg/L 增加到 520 mg/L，胶粘物的面积从 2.563 mm^2 增加到 23.878 mm²。可见，碱性条件下碎浆，浆料中胶粘物含量较多，不利于胶粘物的去除。

表 3-11　pH 值对纸浆中胶粘物含量的影响

碎浆 pH 值	胶粘物颗粒 数量/个	胶粘物含量 /（mg/L³）	胶粘物面积 /mm²	胶粘物平均 大小/mm²
5.5	13	303	2.563	0.197
7.5	33	312	6.733	0.204
8.6	61	400	12.653	0.207
9.5	96	453	17.782	0.185
10.2	133	498	21.032	0.158
11.3	167	520	23.878	0.143

图 3-13 是 pH 值为 7.0 时，脱墨剂用量对纸浆中大胶粘物去除效果的影响。可以看出，脱墨剂用量增加到 0.20%（对绝干量）时，大胶粘物的含量从 312 mg/L 减少到 65 mg/L，脱墨剂用量增加到 0.30% 时，胶粘物的含量减少趋势较为缓慢。故可将脱墨剂的用量控制在 0.20% 左右。

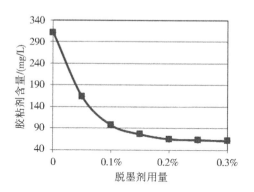

图 3-13　脱墨剂用量对纸浆中大胶粘物去除效果的影响

在整个生产循环过程中，微细胶粘物也是很重要的。微细胶粘物主要表现为可溶性的胶粘物，它们溶解在过程水中，随着工段的不同，表现形式也有所不同。所以，要想解决微细胶粘物的问题，就应该将重点放在生产过程回用水上。表 3-12 为浮选前后浆中微细胶粘物含量变化情况。从表中数据可以看出，浮选后微细胶粘物含量从 13.3 mg/L 降至 3.4 mg/L，添加脱墨剂去除效果更为明显。这主要是由于加入脱墨剂后，废纸浆溶液的表面张力降低，微细胶粘物和空气泡之间的黏结力发生了变化，它能够黏附在气泡表面上浮到液面被带走；另外，由于脱墨剂还具有捕集作用，能够更好地将纸浆中的微细胶粘物附聚在泡沫上面脱除掉，进一步提高了微细胶粘物去除效率。

表 3 – 12　浮选前后浆中微细胶粘物含量变化情况

项目	微细胶粘物含量/（mg/L）
碎浆后	13.3
浮选后（未加脱墨剂）	7.9
浮选后（加入脱墨剂）	3.4

通过研究发现在中性条件下碎浆，能够减少胶粘物之间的黏结，在浮选过程中添加生物酶进行处理可以有效地去除大胶粘物。浮选脱墨过程通过添加脱墨剂能够改变脱墨浆溶液的表面张力，这在不同程度上改变了气泡和胶粘物颗粒之间的黏结力，对胶粘物的去除具有很好的效果。

2）改性滑石粉吸附控制技术

通过化学处理方法就是往浆中施加胶粘物控制剂使胶粘物溶解或分解，或保持分散状态，或降低黏性使之吸附在纤维上并被抄进纸页中，从而脱离纸浆系统和白水系统。国内外常用的胶粘剂控制剂主要有 4 类：吸附型、分散型、溶解型和分解型。滑石粉是制浆造纸中常用的吸附剂。

滑石粉是自然界中存在的硅酸镁，具有扁平状结构，纯的滑石粉对亲脂性物质具有高的亲合性。滑石粉亲脂性的一面是层间断裂并由中性氧原子组成，亲脂性使其不发生分散而在水面结成块状，亲水性边缘使其在水中易于分散。用于控制沉积的滑石粉通常粒子细小，如图 3 – 14 所示。

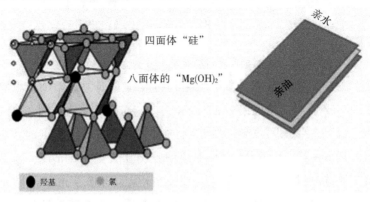

图 3 – 14　滑石粉结构示意

表 3-13 给出了几种常见矿物质在浆料中颗粒吸附的自由能，由表中数据可以看出，滑石粉对浆料中的胶粘物、蜡、油墨和热熔胶等吸附能力好。单个滑石粉粒子能够吸附 14 个树脂颗粒。当亲脂性物质存在于滑石粉两个表面之间时，整个黏度得到下降；经过对比发现，加入对绝干纤维质量 0.6% ~ 1.9% 的滑石粉可降低脱墨浆的整体黏性。分散的滑石粉可添加于造纸过程的不同阶段，通过研究和生产实践发现，在整个生产过程中应尽早加入滑石粉。较早地加入，可使悬浮液中的胶体颗粒聚集到固体表面，有助于减少它们发生凝聚的可能性，从而避免影响成纸的表观特性。

表 3-13 几种常见矿物质在浆料中颗粒吸附的自由能

单位：kJ/mol

矿物质	脱粘物	蜡	油墨	热熔胶
滑石粉	-34.33	-42.66	-30.05	-23.40
膨润土	-4.95	-9.83	-7.96	2.93
GCC	9.28	3.16	1.87	20.73
高岭山	-4.86	-11.24	-8.38	5.07
硅	4.52	-1.30	-1.44	14.82

注：数值的负值越高说明和胶粘物的亲和性越高。

滑石粉与其他助剂相比，价格比较低、易于使用。用改性滑石粉控制胶粘物是物理作用，使胶粘物失去黏性并阻止其聚集。其主要优点表现在以下几个方面。

①失去黏性的胶粘物颗粒可以充当填料保留在产品里取代纤维。滑石粉本身可以增加得率 1% ~2% 。

②滑石与树脂之间的吸引力强，不受剪切力的影响。

③滑石与滑石之间的吸引力弱，剪切力将滑石剥开分层产生了新的滑石表面，增加其吸附和包裹能力。

④因胶粘物留着率的提高，白水的浊度会明显降低，这样在水系统高度封闭的情况下，不会产生胶粘物的累积，属于良性循环。

⑤其本身为化学惰性，不影响纸机内部的化学反应。

⑥纸机保持长久清洁，减少停机和清洗时间。

⑦产品质量得到改善（减少了尘埃点、透明点和破洞）。

3）采用阴离子杂质捕捉剂（ATC）和助留剂控制废纸浆微胶粘物

次生胶粘物是指碎解等生产过程中已进入溶解状态或者已经形成稳定的

胶体状态的物质，即 DCS。在后续的抄造系统中这些 DCS 物质会因温度、浓度、剪切、pH 值或化学环境的突变而失稳析出，沉积在纸网、毛布、真空辊、吸水箱、烘缸、纸页等处，造成生产不稳定和纸张质量下降。因此，次生胶粘物具有更大的控制难度和更严重的危害性。另外，随着用水封闭程度的提高和原料成分的进一步复杂化，废纸浆系统必将越来越具有高电导率和高阴离子性，因此，控制该类系统中的微胶粘物问题是生产上急需解决的问题。这里采用一种经特殊阳离子改性的星形支化聚丙烯酰胺助留剂（S – CPAM），研究它们对阴离子杂质的捕捉作用。

①S – CPAM 用量的影响。由图 3 – 15 可以看出，漂白废新闻纸脱墨浆纸料组分的留着率及浆料滤水速度随 S – CPAM 用量的增加而逐渐加快。当 S – CPAM 用量为 0.5% 时，漂白废新闻纸脱墨浆的留着率可达 95.45%。

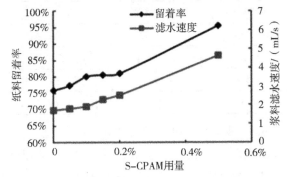

图 3 – 15　S – CPAM 对漂白废新闻纸脱墨浆的助留助滤作用

S – CPAM 用量对浆料 Zeta 电位的影响如图 3 – 16 所示。可以看出，随着 S – CPAM 用量的增加，浆料的 Zeta 电位（负值）降低。但由于废纸浆中的阴离子杂质含量较高，较高的 S – CPAM 加入量才可使浆料的 Zeta 电位接近于零。S – CPAM 主要靠桥联机制引发纸料组分间的絮聚，其多臂支化的分子结

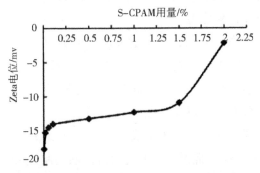

图 3 – 16　S – CPAM 用量对浆料 Zeta 电位的影响

构有利于纸料组分间的桥联，对高阴离子杂质含量的废纸脱墨浆有良好的助留助滤作用。

②作用时间对 S–CPAM 助留助滤作用效果的影响。作用时间对 S–CPAM 助留助滤作用效果的影响如图 3–17 所示。图中数据表明，S–CPAM 可以在很短的时间内吸附到填料及纤维上，引发纸料组分间的絮聚，起到助留助滤作用。在作用时间为 30 s 时助留效果最好，纸料的滤水速度也较高。而随着作用时间的延长，纸料留着率逐渐降低，滤水速度也下降。作用时间越长，纸料组分间形成的絮聚体受到剪切作用的破坏程度越高，且 S–CPAM 分子在纤维表面发生重构而采取平伏构象的概率增多，从而使助留助滤效果变差。

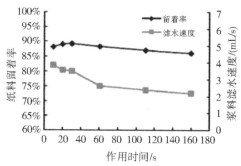

图 3–17　作用时间对 S–CPAM 助留助滤作用效果的影响

③浆料体系 pH 值对 S–CPAM 助留助滤作用效果的影响。浆料体系 pH 值对 S–CPAM 的助留助滤作用效果的影响如图 3–18 所示。由图可知，随着浆料体系 pH 值的升高，纸料的留着率和滤水速度都呈下降趋势。在酸性条件下 S–CPAM 的阳离子电荷密度较高，与表面带负电荷的纤维、细小纤维及填料的结合力较强，且此时阴离子杂质中的酸性基团电离程度也较弱；而在碱

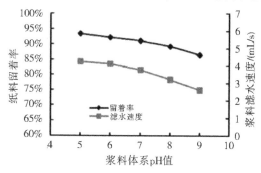

图 3–18　浆料体系 pH 值对 S–CPAM 助留助滤效果的影响

性条件下，S－CPAM 的阳离子电荷密度会有一定程度的降低，阴离子杂质中的酸性基团在碱性条件下更易电离，对助留助滤的影响更大。因此，随着 pH 值的升高，S－CPAM 助留助滤作用效果逐渐减弱。但S－CPAM在较宽的 pH 值范围内均有一定的助留助滤作用。

（2）适用范围

适用于废纸制浆造纸清洁生产。

（3）技术特点及主要技术经济指标

中性碎浆比碱性条件更有利于去除胶黏物，也可以通过添加改性滑石粉或者阴离子垃圾捕捉剂（ATC）吸附胶黏物和阴离子杂质，提高纸页成形的滤水性。

（4）示范工程及推广应用工程信息

示范工程依托山东华泰纸业股份有限公司的一条废纸生产线。

（5）技术就绪度

验收时技术就绪度达 6。

（6）依托单位

华南理工大学、中国造纸协会。

3.4.2　白水梯级循环回用技术

（1）技术内容及基本原理

脱墨废纸制浆和造纸生产过程的白水梯级循环系统优化，提高过程用水重复利用率。从降低水耗、减轻水污染的要求出发，脱墨废纸制浆及造纸生产过程中的白水封闭循环程度越来越高。生产工艺流程中采用生产用水封闭循环，设置白水回收，回收纤维及钛白粉，充分利用处理后的纸机白水，减少清水用量，提高水的重复利用率。白水回用途径有内部回用、直接或处理后再回用和混合废水经外部处理后回用于生产系统等多种，回收设备主要采用多盘浓缩机和微气浮。微气浮是以废纸脱墨浆为原料生产低定量涂布纸系统重要的白水处理回收装置，并在其中加入具有聚集和絮凝作用的化学品以提高处理效率。

改进后的白水循环系统大体可以分为 3 个部分，分别以 3 个多圆盘浓缩机作为分界，包括：

①废纸碎浆、净化、筛选和前浮选的水循环为第一循环回路，1#多圆盘

浓缩机分离的白水，主要用于废纸的碎浆处理，以及浆料的净化、筛选和前浮选时稀释所用；

②漂白和后浮选部分的水循环为第二循环回路，2#多圆盘浓缩机的白水经过 2#微气浮池处理后，澄清水回供漂白和后浮选作为稀释纸浆用；

③造纸机网部多余白水的循环处理为第三循环回路，造纸机网部的浓白水首先用于上浆系统的上网纸浆稀释调浓，此部分白水浓度较大。多余部分和稀白水经收集后，送入纸机多圆盘浓缩机处理，得到的清液除了用于造纸机网部的喷淋清洗之外，亦供打浆工段和制浆工段稀释。纸机压榨部的稀白水经过 1#微气浮池处理后，抄纸车间多余白水用于制浆车间，补充到漂白和后浮选等处，供调节浆料浓度所用，减少清水用量。同时将这 3 个部分循环回路过量的废水和纸机、脱墨生产线其他部位的废水混合在一起，经废水处理厂处理后再替代部分清水进入生产系统。

通过上述技术应用，白水循环利用率达 95% 以上，造纸过程水循环利用率达 90% 以上，综合制浆造纸废水排放量降至 10 m³/t 纸以下，COD 降至 2500 mg/L，为后续达标处理创造了良好的条件。

（2）适用范围

适用于机制纸和纸板白水封闭循环清洁生产。

（3）技术特点及主要技术经济指标

机制纸和纸板生产过程中，通过添加阴离子杂质捕捉剂（ATC）来控制 DCS，多圆盘/微气浮技术回收纤维净化白水，提高造纸白水的循环利用。通过上述技术应用，白水循环利用率达 95% 以上，造纸过程水循环利用率达 90% 以上，综合制浆造纸废水排放量降至 10 m³/t 纸以下，COD 降至 2500 mg/L。

（4）示范工程及推广应用工程信息

示范工程依托山东华泰纸业股份有限公司的一条废纸生产线。

（5）技术就绪度

验收时技术就绪度达 7。

（6）依托单位

华南理工大学、中国造纸协会。

3.5 造纸综合废水处理技术

3.5.1 改良厌氧酸化处理技术

（1）技术内容及基本原理

厌氧酸化池采用升流污泥床技术、混合液池内循环技术、简化的三相分离技术及污泥池外循环技术，更加适合洗草废水处理。改良厌氧酸化池由原有洗草水沉淀池改建，前部设置了两个长 15 m 的酸化反应区，后部设置了长30 m 的沉淀区，增建流量计、布水器、分离板、回流管道、收水堰、出水槽、污泥泵。采用改良厌氧酸化处理技术，在进水 SS 1280～6350 mg/L、COD2100～5925 mg/L 条件下，COD 去除率达 38.4%～46.9%，SS 去除率达19.0%～30.7%，尤其是出水挥发性脂肪酸（VFA）比进水的提高 36.5%～45.6%。改良厌氧酸化池的运行不仅削减了洗草水 COD 负荷，而且使出水VFA 有所提高，一方面，可降低后续好氧的有机负荷；另一方面，提高好氧处理进水的可生化性，有利于保证好氧处理的连续稳定运行。改良厌氧酸化处理技术适用于类似的有机质浓度较低、有机质营养低的洗草废水的厌氧处理。

（2）适用范围

适用于造纸综合废水处理。

（3）技术特点及主要技术经济指标

在原有技术基础上，优化水解酸化技术，集成应用一体化厌氧处理技术后，每年可处理 60 000 Nm³/d 生物质沼气提纯净化，提高厌氧处理工艺稳定性和沼气甲烷产率。进水 COD 3000～4000 mg/L，出水 COD 为 50 mg/L 以下。

（4）示范工程及推广应用工程信息

示范工程依托山东太阳纸业股份有限公司和华泰纸业股份有限公司，示范工程建设中。

（5）技术就绪度

验收时技术就绪度达 7。

（6）依托单位

华南理工大学、中国造纸协会。

3.5.2　一体化厌氧处理及沼气提纯利用技术

（1）技术内容及基本原理

制浆造纸综合废水 COD 一般在 1500～5000 mg/L，BOD 一般在 500～2000 mg/L，适于采用厌氧进行处理。但由于制浆造纸外排废水的系统温度一般不低于 40 ℃，在废水厌氧处理过程中，首先考虑的是 COD 降解，对生物质燃气化的考虑一般不放在首要位置，这种情况导致了多数制浆造纸废水厌氧处理沼气转化率普遍不高。针对制浆造纸综合废水生物质燃气转化率低等问题，建立了一个适合造纸行业的甲烷化系统，即水解酸化和甲烷化过程为一体的厌氧反应系统。针对这一特殊的厌氧反应器，要确保甲烷化的高效产出，重点研究过程中处理氧化还原电位、pH 值、污泥特性、作用时间等因素对主要有机物污染物转化过程的影响，了解掌握有机物的水解酸化影响因素，优化酸化、气化工艺和过程，为沼气产量的提升创造条件。图 3-19 是制浆造纸废水厌氧处理及沼气利用一体化流程示意。

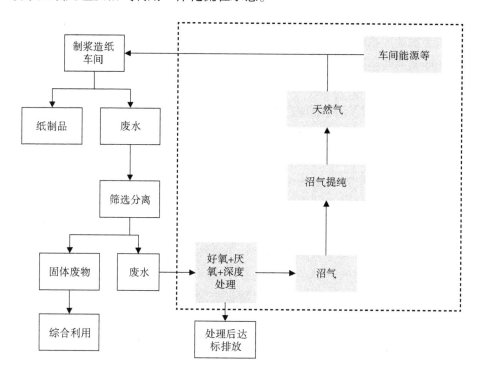

图 3-19　制浆造纸废水厌氧处理及沼气利用一体化流程示意

调制池废水的 pH 值控制是厌氧处理过程的重点。厌氧菌适合于生长在中性或弱碱性的环境中，过碱或过酸的环境对厌氧菌的生命活动均不利，其中产甲烷菌对 pH 值的敏感度最高，pH 值在 6.8~7.2 时产甲烷菌的活性最高，pH 值高于 7.5 或低于 6.2，产甲烷菌的生长被明显抑制，而产酸菌的活性仍很旺盛，这会使废水的 pH 值进一步降至 4.5~5.0 而使废水处于酸化状态，这种酸化状态对产甲烷菌是有毒害作用的。pH 值偏离最佳范围越大，持续时间越长，将会有越多的产甲烷菌被抑制甚至被杀死。产甲烷菌在整个转化过程中担任着重要的角色，是把有机碳最终转化为 CH_4 和 CO_2 而从水中逸出的最后一个步骤，只有在最后一个步骤产生甲烷，COD 才算彻底从污水中被除去。为使提高系统的可靠性，根据废水的组成，通常是将酸化阶段和产甲烷阶段分开设置，在调制池中先对废水的 pH 值进行控制，之后再送到厌氧反应器。通过这种方式，敏感的甲烷菌被保护起来，以防突然的环境变化。

另外，厌氧发酵污泥特性对产生甲烷也有重要影响。目前，厌氧反应器内都形成了大量的颗粒污泥，对其中颗粒污泥的特性及其影响因素进行研究，就可以为废水处理提供技术参考。颗粒污泥是指在厌氧反应器特别是上流式厌氧污泥床反应器中由各种厌氧微生物自发形成的微生物聚集体，主要适合升流式废水处理系统。从微生物学角度来看，颗粒污泥可以被认为是具有自我平衡性能的微生态系统，其中包含降解原废水中各种有机污染物的各种厌氧微生物种群颗。粒污泥粒径的大小与存在于颗粒污泥中生物种群的生长、表面剪切力和颗粒污泥的破坏程度有关，污泥床内颗粒污泥粒径的分布由这些因素共同决定，并与剩余污泥的排放和污泥的流失有关。颗粒污泥的生长也加速了颗粒污泥的破坏。生物的生长与基质的降解有关。污泥破坏主要与产气量的增加有关，产气量的增加会引起外部作用力（剪切力）和内部作用力。随着颗粒污泥粒径的增长，产气量逐渐增多，当污泥粒径为 2.16 mm 时，产气量达到最大值。

此外，厌氧生物处理废水时不仅要注意温度、pH 值和毒性等环境条件，更要注意厌氧微生物的营养条件，这对于废水厌氧处理系统的成功运行是非常重要的。所有微生物的生长均需要微量金属营养元素，而且厌氧过程缺乏微量金属营养元素所产生的不利影响要比好氧处理过程产生的不利影响大。厌氧处理系统中微量金属营养元素的存在并不能保证它们的生物有效度，最重要的是微量金属营养元素的生物有效度并不等于向系统中补充的微量金属营养元素的量。对厌氧处理系统而言，微量金属营养元素的生物有效度比它们的存在更为重要。研究发现，适当的 Ca^{2+} 对颗粒污泥的形成有正面影响，这是因为 Ca^{2+} 有利于离散污泥的絮凝，这可通过阳离子压缩扩散层，引起了相对强的范德华引力来解释。钙也能导致形成钙桥，结果使有机质的阴离子之间形成了很强的交互作用。Ca^{2+} 对颗粒污泥稳定有两个重要作用：一是无机沉淀 Ca^{2+} 可作为厌氧细菌附着的表面；二是 Ca^{2+} 可能是胞外多糖或作为黏性物的蛋白质的组成成分接种污泥。适中的 Ca^{2+} 浓度可使污泥反应床保留更多的活的生物体及适于形成颗粒污泥的原始微生物，促进了污泥颗粒化的进程，另外，Ca^{2+} 影响颗粒污泥的甲烷活性。在 Ca^{2+} 浓度为 100～200 mg/L 起到刺激作用，在 Ca^{2+} 浓度为 2500 mg/L 以上起抵制作用，Ca^{2+} 浓度超过 1000 mg/L 时，$CaCO_3$ 在颗粒污泥表面形成结垢，或者形成 $CaCO_3$ 沉淀累积，这些沉淀替代了颗粒污泥，并形成了大量浓的无机性污泥床。

通过上述一体式厌氧发酵过程中水解酸化工艺优化、微量元素调控、厌氧反应器底部进水等核心技术的集成，培养出高甲烷产率和速度优势的菌群结构，提高了沼气产率，沼气中甲烷含量在 70% 以上。

（2）适用范围

适用于造纸综合废水处理。

（3）技术特点及主要技术经济指标

在原有技术基础上，结合优化水解酸化条件，集成应用一体化厌氧处理技术后，每年可处理 60 000 Nm^3/d 生物质沼气提纯净化，提高厌氧处理工艺稳定性和沼气甲烷产率；利用楔形高浓度污泥床为核心的水解酸化调控技术和厌氧单元，提高厌氧单元对高无机盐、低 BOD/COD 值废水的耐受性并大幅降低好氧处理进水 COD，显著降低处理成本。

（4）示范工程及推广应用工程信息

示范工程依托山东太阳纸业股份有限公司和华泰纸业股份有限公司，示范工程建设中。

（5）技术就绪度

验收时技术就绪度达 7。

（6）依托单位

华南理工大学、中国造纸协会。

3.5.3 改良芬顿氧化工艺

（1）技术内容及基本原理

芬顿（Fenton）流体化床高级氧化法是传统 Fenton 氧化法的改良技术，主要原理是将 Fenton 氧化法产生的三价铁（Fe^{3+}）在流体化床反应槽中的单体表面产生 FeOOH 的结晶，而 FeOOH 也是 H_2O_2 的一种催化剂，因为 FeOOH 的存在可大幅降低 Fe^{2+} 催化剂的加入量。该技术的主要特点是采用了流态化高级氧化塔，具有明显的优点：①安装方便，流态化高级氧化塔主体采用不锈钢板卷制而成，进、出水管及设备接口均采用法兰连接方式，设备抵达安装现场，只需放置在预制的混凝土基础上，接上管道即可投入使用；②先进的流体分布器，对氧化塔进水端进行优化设计，并设有流体分布器，流体分布器具有消除环状水流，起到导向作用，减少涡流和反流现象，有效实现进水的均匀分配；③流态化的填料能最大限度地使 Fenton 试剂与废水接触，并加快分解产生·OH，有效提高了反应速率，使有机物氧化分解更快速、更彻底；④通过控制外循环系统的提升泵流量，有效控制流化塔内的上升流速，使塔内填料保持在流态化状态；⑤加药系统设有计量及自动控制调节系统，根据反应器进水水量、反应前后 pH 值、氧化还原电位等参数，迅速准确调整加药量，使运行管理更方便（图 3 – 20）。

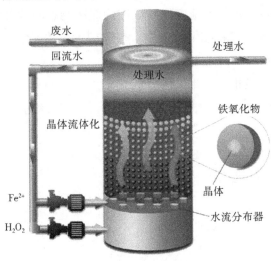

图 3 – 20　改良 Fenton 氧化工艺示意

采用该废水处理技术，深度处理进水 COD 为 450～600 mg/L，色度为 400～600 倍，经过 Fenton 流体化床高级氧化处理出水 COD 稳定为 30～50 mg/L，色度为 3～5 倍；远优于 GB 3544—2008 的要求，实现废水超低排放。

（2）适用范围

适用于造纸综合废水处理。

（3）技术特点及主要技术经济指标

复合 Fenton 试剂应用于造纸废水 Fenton 深试剂氧化法深度处理具有明显的效果，能够降低 Fenton 法深度处理造纸废水的运行费用；采用新型电渗透板框污泥压滤机对 Fenton 氧化法化学污泥进行脱水处理，能有效提高污泥压滤的脱水效率效果，进一步降低 Fenton 法深度处理造纸废水的运行费用。废水深度处理段进水的 COD 为 130～260 mg/L，色度为 200～250 倍；深度处理后出水 COD 为 25～60 mg/L，去除率为 66%～89%，色度为 20～40 倍，去除率为 80%～92%。

（4）示范工程及推广应用工程信息

示范工程依托山东太阳纸业股份有限公司和华泰纸业股份有限公司，示范工程建设中。

（5）技术就绪度

验收时技术就绪度达 7。

（6）依托单位

华南理工大学、中国造纸协会。

3.5.4 新型电渗透板框压滤工艺

（1）技术内容及基本原理

新型电渗透板框污泥压滤机及处理污泥的方法的步骤：首先，对板框压滤机板框进行改造，使电极板能够固定在板框上；其次，按照设计制造合适的电极板，电极板具备耐腐蚀、易脱水、有一定的变形性、配有接线柱和安装栓，表面光洁无毛刺；最后，将电极板安装于板框压滤机板框上，使每块板框都形成正负电极，然后接上脉冲直流电源，对现场进行彻底检查，确保板框压滤机没有漏水、漏泥现象，脉冲电源线完好无损。

新型电渗透板框压滤工艺是在板框机进行低压、高压进料，反吹，角吹过程后，在压榨过程中，对板框内的同一块污泥滤饼的两面进行通脉冲直流电，一面正极，一面负极，使滤板间所形成滤饼内的水分子进行定向移动，达到进一步脱水的目的（图 3 – 21 和图 3 – 22）。

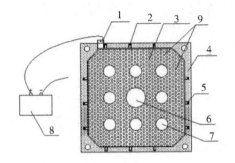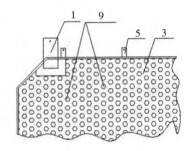

图 3 – 21 电极板固定连接示意   图 3 – 22 电极板局部结构放大示意

1—接线柱；2—自攻钉；3—电极板；4—板框滤板；5—固定柱；6—进料孔；

7—支撑孔；8—脉冲直流电源；9—圆孔

（2）适用范围

适用于造纸综合废水处理过程中污泥脱水减量。

（3）技术特点及主要技术经济指标

采用本技术对废水处理生化污泥和化学污泥的混合后进行处理，处理后出泥干度不低于45%；运行费用不高于板框压滤机处理初沉污泥。提高污泥干度约为20%。

（4）示范工程及推广应用工程信息

示范工程依托山东太阳纸业股份有限公司和华泰纸业股份有限公司，示范工程建设中。

（5）技术就绪度

验收时技术就绪度达6。

（6）依托单位

华南理工大学、中国造纸协会。

3.5.5 污泥挤压脱水工艺

（1）技术内容及基本原理

污泥挤压脱水工艺为压滤机的高干度脱水装置及其脱水方法包括滤框基体。滤框基体的两个面分别对称开设有两个结构相同的凹腔，各凹腔由内向外依次设有液压薄膜、滤板、夹套和滤布。凹腔的底部设有液压凹槽，各液压凹槽通过开设在滤框基体中部的液压油注入口相互连通；在滤框基体的边框上开设有进料口，进料口通过侧槽连通凹腔。滤板活动设置在液压薄膜与夹套之间，当给滤板施加一个向外的推力时，滤板能够朝滤布方向移动。本装置结构简单，操作方便，通过高压液压油驱动滤板与滤板之间的固液混合物料，大幅提高了挤压力，能充分将固液混合物内的液体挤出，极大提高了固形物含量。

（2）适用范围

适用于造纸综合废水处理过程中污泥的脱水减量。

（3）技术特点及主要技术经济指标

采用双螺旋压榨的方式机械挤压污泥进行脱水，相对能耗高，干度可达41%～45%。

（4）示范工程及推广应用工程信息

渭河水域示范工程运行中。

（5）技术就绪度

验收时技术就绪度达5。

（6）依托单位

陕西省环境科学研究院。

参考文献

［1］司全印．渭河水污染防治专项技术研究与示范课题技术报告：2009ZX07212 - 002［R］．水体污染控制与治理科技重大专项，2013.

［2］何争光．沙颖河上中游重污染行业污染治理关键技术研究与示范技术报告：2009ZX07210002［R］．水体污染控制与治理科技重大专项，2013.

［3］赵伟．重点流域造纸行业水污染控制关键技术产业化示范技术报告：2014ZX07213001［R］．水体污染控制与治理科技重大专项，2017.

［4］文剑平．辽河流域重化工业节水减排清洁生产技术集成与示范研究技术报告：2009ZX07208 - 002［R］．水体污染控制与治理科技重大专项，2012.

［5］张波．南四湖流域重点污染源控制及废水减排技术工程示范课题技术报告：2009ZX07210008［R］．水体污染控制与治理科技重大专项，2012.

［6］胡洪营．徒骇河、马颊河流域水污染防治与水质改善技术集成与综合示范自评报告：2012ZX07203 - 004［R］．水体污染控制与治理科技重大专项，2016.

［7］ 徐峻，李军，陈克复. 制浆造纸行业水污染全过程控制技术理论与实践 ［J］. 2020，39（4）：69－73.

［8］ 陈克复. 中国造纸工业绿色进展及其工程技术 ［M］. 北京：中国轻工业出版社，2016.

［9］ 马邕文，万金泉. 造纸工业废水处理技术及工程实例 ［M］. 北京：化学工业出版社，2008.

［10］ 王双飞. 造纸废水资源化和超低排放关键技术及应用 ［J］. 中国造纸，2017，（8）：51－59.

［11］ 汪俊. 非木材纤维制浆清洁生产技术方案备料与蒸煮工段 ［J］. 中华纸业，2013，34（24）：43－46.

［12］ 李军，何水淋，李智，等. 蔗渣浆 ECF 短序漂白流程的对比 ［J］. 华南理工大学学报（自然科学版），2014，42（2）：14－20.

［13］ 李军，吴绘敏，徐峻，等. 已筛选与未筛选麦草浆漂白性能的比较 ［J］. 华南理工大学学报（自然科学版），2010，38（11）：80－85.

［14］ 邝仕均. 臭氧轻 ECF 漂白 ［J］. 中国造纸，2013，32（5）：50－54.

［15］ 李华杰. APMP 化机浆蒸发系统结垢分析及处理 ［J］. 中华纸业，2018，39（6）：59－62.

［16］ 乔军，安庆臣，应广东. 化学机械浆浓废水零排放技术的研究 ［J］. 华东纸业，2014，45（6）：43－46.

［17］ 赵云松，胡海军，张丹. 机械蒸汽再压缩（MVR）技术在制浆废液蒸发中的应用 ［J］. 中国造纸，2013，32（2）：45－47.

［18］ 袁金龙，梁斌，李文龙，等. MVR 技术在化机浆废液处理中的应用 ［J］. 中国造纸，2015，34（7）：37－40.

［19］ 林艳提. 浅谈瑞丰纸业化机浆工艺及设备的选择 ［J］. 中国造纸，2007，26（9）：31－32.

［20］ 张凤山. 废纸再生新闻纸生产过程中胶黏物的表征和控制 ［D］. 南京：南京林业大学，2010.

［21］ 汪平保. 最新 Vortech 碎浆技术及应用 ［J］. 中华纸业，2009，30（10）：98－100.

4 制浆造纸行业水污染控制技术展望

4.1 造纸行业水污染全过程控制技术路线

近年来，造纸行业不断加大清洁生产技术、节能降耗技术的研发和集成优化技术。特别是在"水专项"的大力支持下，造纸行业废水排放和污染物排放在重点行业里下降是最明显的。通过文献检索和企业调研，以及总结"十一五"到"十三五"期间造纸行业在水污染技术控制方面的进展情况，根据全生命周期的造纸行业水污染全过程控制技术方案，提出了造纸行业水污染全过程控制技术发展路线，如图 4-1 所示。从图 4-1 可以看出，造纸行业水污染控制技术在"十一五"期间污染控制侧重于单技术研发和废水的末端处理方面；而到了"十二五"期间随着严苛的环境指标要求，造纸行业

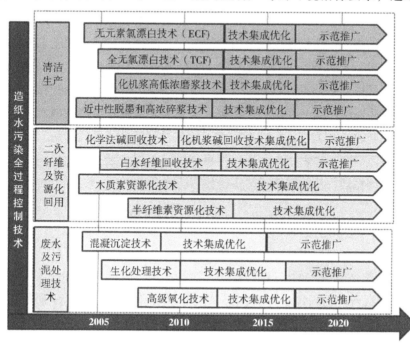

图 4-1　造纸行业水污染全过程控制技术发展路线

技术研发侧重于污染源头控制和技术集成优化；"十三五"期间，造纸行业各子行业进一步从全过程集成优化污染防控技术，并加大示范推广力度，提升了造纸行业的清洁生产水平，为全面降低造纸废水污染排放提供了技术和理论支持。

4.2 制浆造纸行业未来水污染控制技术发展趋势

水是工业生产的重要资源，对制浆造纸行业尤为重要，如果没有水，纸的生产将难以想象。造纸生产过程需要大量的水，用于原料清洗、蒸煮浆料、浆料漂洗等工艺。其取水量随着造纸规模的发展而有所增长。制浆造纸工业被列为世界第三大水消费行业，在生产过程中，需要使用大量的水作为纤维载体。特别是在造纸过程中，这是因为纸浆纤维只有稀释在水中形成悬浮液，才易于泵送和储存，纸浆必须良好地稀释和分散在水中，才能均匀分布上网通过滤水形成湿纸幅，从而完成纸页成形并得到良好的成形匀度；同时，水对于形成纤维素纤维之间的化学键是必不可少的，只有用水作为纸浆纤维的稀释介质，植物纤维间才能在成形过程中产生氢键结合，获得必要的湿纸强度，从而满足纸机抄造性能的要求，并使纸页获得物理性能。水的用量在很大程度上取决于原料、生产工艺、产品类型、企业规模和企业原材料与产品结构等。水资源压力、法律要求、环境问题及潜在的利益是推动制浆造纸行业减少水的消耗驱动力，基于经济和生态的原因，许多公司希望将其视为环境友好型产品的愿望均促使造纸行业不断改进其工艺，发展新技术，从而显著降低了其耗水量。制浆造纸行业仍在继续努力，探索减少水用量的可能性。制浆造纸行业的最终目标设法实现水全封闭循环，从而实现了"零排放"生产。

4.2.1 末端治理技术

（1）制浆造纸废水的深度处理

我国造纸行业的高增长与我国经济的高增长相适应，造纸行业发展和国家经济发展息息相关。但是，造纸行业的高速增长和产能的增加也带来废水排放量提升，占全国工业废水排放总量的17%，COD排放量占全国工业废水排放总量的32%，造纸行业环保任重道远。随着各造纸企业对工业废水处理重视程度的加强，配套建设了大批废水处理设施。各企业因自身生产工艺不同，采用的废水处理工艺也各不相同，处理工艺大多集中在Ⅰ级预处理（沉淀、气浮）、Ⅱ级生化处理（厌氧、好氧与沉淀），部分企业还根据实际需要在后端设置化学混凝Ⅲ级处理流程实现达标排放。在2008年8月1日起实施了新的《制浆造纸工业水污染物排放标准》GB 3544—2008。增加了色度、总氮、总磷、二噁英的排放限值，大幅提高了污染物排放控制水平。同时设置了水污染物特别排放限值，加大了对环境敏感地区污染物排放的控制力度，提高了相关行业的环境准入门槛。从而增加了各企业治理工业废水的压力和难度，也促使企业积极寻找适合自身发展的深度处理工艺路线。深度处理是进一步去除Ⅱ级处理出水中剩余污染物的净化过程，也是实现达标排放的必然趋势。

深度处理的技术方法主要有以下几种。

1）高级氧化技术

高级氧化技术又称深度氧化技术，指含有大量羟基自由基（·OH）参与的化学氧化过程。·OH的氧化能力极强，其电位（2.80 V）仅次于氟（2.87 V），在处理过程中通过·OH与有机化合物间的加成、取代、电子转移、断键、开环等作用，可使废水中难降解的大分子有机物氧化降解成低毒或无毒的小分子物质，甚至直接分解成为二氧化碳和水，实现无害化的目的。

高级氧化技术包括了Fenton氧化法、光催化氧化法、超临界处理、电化学氧化技术、臭氧氧化法等，与传统的水处理方法相比具有：反应速度快、处理效率高、对有毒污染物破坏彻底、无二次污染、适用范围广、易操作、可连续性和占地面积小等优点。对高浓度、难降解有机物废水的处理具有极大的应用价值，并被广泛应用于有毒难降解工业废水，已经逐渐成为难降解废水处理研究的热点，因此，高级氧化技术给成分复杂、污染物浓度高、难以处理的造纸废水处理开辟了新途径。目前行业内实际应用的主要是Fenton氧化法和臭氧氧化法。

①Fenton氧化法处理造纸废水效果比较明显，在实际生产上得到了应用，但缺点是造纸废水量大，在实际的工程应用中，通常需要加酸调节废水pH值至3.5～4.5，废水调节酸性的费用在工艺总处理费用中占有较大的比例，加酸费用成为决定工艺经济上是否可行的重要因素。拓展Fenton氧化法在造纸废水深度处理上的pH值作用范围，开发廉价的酸源，降低调节酸性需要的费用，可有效推进Fenton氧化工艺在造纸废水深度处理中的应用。

②臭氧氧化法是利用臭氧在不同的催化剂条件下产生·OH 的一种高级氧化工艺，在工业废水处理中的应用越来越广。国内对臭氧氧化法处理造纸废水的研究成果较多，研究结果表明各种联用技术对色度与 COD 具有明显的去除效果，去除率分别达到了 88.8% ~ 99%、54.9% ~ 80%。臭氧氧化法的应用仍受到一些因素的限制，如臭氧发生器所产生的臭氧浓度低、电耗量大、设备及运行费用高，这些问题仍有待进一步的研究与探索。

2）吸附处理法

吸附处理法是依靠吸附剂上密集的孔结构和巨大的比表面积，通过表面各种活性基团与被吸附物质形成的各种化学键，以及通过吸附剂与被吸附物质之间的分子间引力，达到有选择性地富集各种有机物和无机污染物的目的，从而实现废水净化的过程。

目前造纸废水深度处理中最常用的吸附剂是活性炭，它具有发达的细孔结构和巨大的比表面积，对水中溶解性有机物及发色基团有较强的去除效果，所以活性炭吸附法可以作为造纸废水深度处理的一种重要手段。但采用活性炭吸附深度处理造纸废水，运行成本及再生费用较高，使其应用受到一定限制，目前该法主要用于造纸废水的末端处理以实现高端回用。

3）膜分离法

膜分离法是利用一种特殊的半透膜把溶液隔开，使溶液中的某些溶质或水渗透出来，从而达到分离溶质的目的。在废水处理领域中，膜分离法是用特殊的薄膜对水中污染物进行选择性分离，从而使废水得到净化的处理方法。膜分离法的共同优点是：可在常温下操作；不消耗热能，没有相的变化，仅靠一定的压力作为驱动力就能获得很好的分离效果；设备可工厂化生产；较易操作等。缺点是：处理能力小；除扩散渗析外，均需消耗相当的能量；对预处理要求高。

在制浆造纸工业废水处理中，用于造纸废水深度处理的膜主要是微滤膜、超滤膜、纳滤膜、电渗析膜和反渗透膜。其中应用较多的是超滤膜与反渗透膜。微滤（MF）技术可除去废水中粒径大于 100 nm 的微粒、胶体物质及高分子有机物（相对分子量大于 100 000）；纳滤（NF）能截流有机小分子和部分无机盐；超滤（UF）的去除机制主要是筛滤作用，利用溶液的压力为推动力，使溶剂分子通过薄膜，溶质则阻滞在隔膜表面上；反渗透过滤（RO）是界面现象和在压力下流体通过毛细管的综合结果。

超滤（UF）是一种筛孔分离过程，主要用来截留相对分子质量高于 500

的物质。在静压差的作用下，原料液中溶剂和小分子的溶质粒子从高压的料液侧透过膜到低压侧，而大分子的溶质粒子组分被膜阻截，使其在滤剩液（或称浓缩液）中的浓度增大。超滤膜具有选择性的主要原因是形成了具有一定大小和形状的孔，而聚合物质的化学性质对膜的分离特性影响不大。

反渗透过滤（RO）可除去除造纸厂废水中的盐类、化学需氧量和总有机碳，能将 80% 以上的原始废水循环回造纸过程。其工艺系统包括被处理水的预处理、选择适宜的膜分离工艺、膜的清洗和后处理。反渗透系统工艺设计涉及内容很多，设计前要了解废水水质特点及所要选用的膜组件的特性，使之相匹配是十分重要的。

美国造纸化学所早在 1967 年就着手研究用反渗透过滤处理低浓度造纸废水，并建立了处理水量为 19 m^3/d 的反渗透装置。阿尔顿造纸厂在 20 多年研究的基础上建立了处理水量为 190 m^3/d 的反渗透装置。金东纸业（江苏）有限公司建立了 10 000 m^3/d 超滤和反渗透法相结合的处理系统将终端处理水进行回用；亚太森博（山东）浆纸有限公司采用超滤和反渗透法相结合处理城市污水处理厂处理后的废水，使其达标进行回用；南通能达水务有限公司利用反渗透膜处理技术处理江苏王子制纸有限公司的废水，使其达标进行回用等。膜处理技术目前面临的主要问题是膜成本高、膜污染再生问题、造纸企业规模大、排水量大，而膜处理能力、膜处理机制方面的研究还不够全面、不够系统，还不能科学、合理解析膜的分离过程，缺乏理论性指导。

4）生态处理法

生态处理法是指在自然条件下，通过环境生物的代谢过程净化废水的一种方法。目前已成为研究与应用的热点，其中氧化塘和人工湿地研究与应用最多。

氧化塘也称稳定塘，是一种利用天然净化能力对废水进行处理的构筑物的总称，通常是将土地进行适当的人工修整，建成池塘，并设置围堤和防渗层，污水在塘内缓慢地流动、较长时间的潴留，通过在污水中存活微生物的代谢活动和包括水生生物在内的多种生物的综合作用，使有机污染物降解，污水得到净化；净化过程与自然水体的自净过程相似，主要利用菌藻的共同作用处理废水中的有机污染物。氧化塘废水处理系统具有基建投资和运转费用低、维护和维修简单、便于操作、能有效去除废水中的有机物和病原体、无须污泥处理等优点。

人工湿地处理造纸废水的技术是由人工建造和控制运行的沼泽地，将废水有控制的排入人工湿地，废水在流动过程中，利用土壤、植物及微生物的物理、化学和生物三重协同作用，对废水进行处理的一种技术，其作用机制包括吸附、滞留、过滤、氧化还原、沉淀、微生物分解、转化、植物遮蔽、残留物积累、蒸腾水分和养分吸收等。同时人工湿地可以建设成湿地景观公园，湿地中的高等植物可用于造纸，应用较多的是芦苇人工湿地，形成了造纸企业与人工湿地一体化的循环经济体系。目前，人工湿地处理造纸废水的技术正以其独特的优势受到越来越广泛的关注。

氧化塘和人工湿地的共同特点是能耗低、管理简便、运行费用低，可实现多种生态系统的组合，有利于废水的综合利用。但生态处理系统的占地面积大，且在设计、运行、管理中缺乏经验，这也是今后工作中需要解决的问题。

（2）废水组合深度处理技术

在制浆造纸工业废水的处理中，单一处理方法或多或少都存在着一定的局限性，采用两种及以上的组合工艺模式，不但可以保证出水水质，而且也可降低治理成本。目前，制浆造纸废水已形成"物化－生化－深度"三级处理系统。一级处理可包括过滤、沉淀、混合均衡、浮选等过程。通过物理和化学方法对废水进行初级处理，可以去除废水中的漂浮物和部分悬浮状态的污染物，从而保护后续的生物处理并初步降低污染负荷，实现更有效的生物处理，减少污泥的产生。二级处理是制浆造纸废水处理的核心，虽然一级处理可除去大部分悬浮固体，但是溶解的有机化合物和胶体颗粒仍残留在废水中，需要通过二级处理将其清除。二级处理大多采用厌氧－好氧处理结合的工艺，具有以下优点：比单一的好氧处理效果好；厌氧预处理产生沼气，可用为能源；污泥量少，为单独好氧处理的20%；占地面积小，废水中大部分有机物在厌氧段被降解，好氧段的处理负荷轻。由于制浆造纸废水中含有木质素及其衍生物，这些化合物的生物降解很难，生化处理效果较差，导致二级处理出水中COD高、色度高。所以造纸废水经二级处理后出水达不到排放标准，必须进行三级深度处理。目前，造纸三级深度处理技术主要包括混凝沉淀或气浮、高级氧化技术等。

因此，采用多种工艺的组合技术，寻找最佳搭配方式，既保证处理效果，又可尽量降低处理成本，并使流程简单化，是目前制浆造纸企业污水处理的主流方式。

4.2.2 源头防治技术

制浆和造纸又根据方法和品种的不同加以区分。其中制浆按方法分为漂白硫酸盐木（竹）浆、本色硫酸盐木（竹）浆、化学机械木浆、漂白化学非木浆、非木半化学浆和废纸浆；造纸按品种分为新闻纸、印刷书写纸、生活用纸、涂布纸和纸板。对制浆造纸企业按清洁生产评价指标体系进行评定，从源头控制污染物来源。

（1）硫酸盐化学法制浆污染预防技术

硫酸盐化学法制浆过程采用改良蒸煮技术、粗浆的封闭式筛选和高效洗涤、氧脱木质素、漂白浆部分或全部工艺水循环使用、使用适当的回收系统、保持充足的黑液蒸发和碱回收炉容量、将工艺中的污染冷凝水分离并对其回用等以减少硫酸盐法制浆厂的污染物向承受水域的排放。漂白二噁英污染防治：根据国家环保部出台了《重点行业二噁英污染防治技术政策》指导性文件。政策所涉及的重点行业包括制浆造纸等行业，提出了重点行业二噁英污染防治可采取的技术路线和技术方法，包括源头削减、过程控制、末端治理、新技术研发等方面的内容，为重点行业二噁英污染防治相关规划、排放标准、环境影响评价等环境管理和企业污染防治工作提供技术指导。对于制浆造纸行业，重在过程控制，造纸生产的制浆工艺鼓励采用氧脱木质素技术、强化漂前浆洗涤技术；漂白工艺宜采用以二氧化氯为漂白剂的无元素氯漂白技术；鼓励采用过氧化氢、臭氧、过氧硫酸及生物酶等全无氯漂白技术，减少漂白段二噁英的产生；鼓励造纸行业研发化学浆无氯漂白新技术。

（2）化学机械法制浆污染预防技术

为了预防和减少单一 CTMP/CMP 制浆厂、综合机械法制浆造纸厂的污染物向受纳水域的排放，可采用高浓磨浆技术、工艺水逆流和水的分离系统、高浓漂白、白水中纤维和填料的回用和处理，将工艺中污染的冷凝水分离并对其回用等措施减少污染物排放。化学机械法制浆废水采用节能型机械蒸汽再压缩蒸发器（MVR）与多效蒸发相结合，将废水浓缩至固形物浓度 65% 以上，利用碱回收处理来实现近"零排放"。

（3）废纸制浆造纸污染预防技术

为了预防和减少废纸制浆厂、废纸制浆造纸厂的污染物排放，可采用高浓碎浆技术、近中性脱墨技术、凝聚法脱墨技术、水系统的分离、工艺水逆流回收和水循环回用、白水净化、废水净化处理回用等措施，减少污染物排放。为了维持废水循环系统的正常运行，避免因水循环回用量增加产生的负面影响，可采取循环水质的监测和连续控制、添加少量杀菌剂等预防和消除微生物的影响。

（4）机制纸及纸板生产污染预防技术

机制纸和纸板的生产可采用优化改进生产计划、水循环管理以适应变化、损纸系统和白水槽容量的调整、改用低 AOX 含量的产品助剂、白水槽或塔的优化设计、纤维和填料回收、白水处理、纸机冲洗水的优化改进、污水处理厂调节、回收颜料或填料回用、含颜料废水的预处理等减少新鲜水的用量和废水排放量。

4.3 制浆造纸行业水污染防治存在的问题

我国制浆造纸行业在先进环保技术上取得显著成效，在资源回收利用、废水处理和循环利用方面有一定进步。但与发达国家相比，我国造纸工业废水净化、水质稳定与回用等治理技术还存在明显差距，废水治理深度不够，废水深度处理替代技术还未提上议事日程，水污染控制标准及规范还不够完善。为了进一步降低造纸行业水污染，提高水资源利用率，我国正在采取一些积极措施：

①进行产业结构调整，关停并转小企业；

②发展清洁生产技术，减少废水产生量；

③制定新的排放标准，引领行业水污染治理水平；

④提出各项造纸行业污染防治最佳可行技术导则。

具体表现在以下 3 个方面。

第一，制浆造纸企业将同时面临巨大的市场压力和环保压力，在推广水污染控制技术中对技术可行性和经济可行性将提出更高的要求。我国制浆造纸行业需要全面推广清洁生产技术（源头减量技术）及废水深度处理技术，企业必须针对环保标准，加大环保投入。同时，废水指标的严格不可避免地增加企业的废水处理成本。

第二，缺乏切实可行的造纸行业水污染控制管理机制。制浆造纸企业废水排放标准限值越来越严格，然而企业却缺少能满足生产废水达标排放的生产技术与装备，国外造纸发达国家在提出严格排放限值的同时，会以最佳可行技术（BAT）、最佳过程技术（BPT）、最佳管理实践技术（BMP）等提供技术支撑，再加以环境立法，从而保障其制浆造纸过程实现达标排放；我国在论证 BAT 及环境技术验证（ETV）的工作起步较晚，并且形成的技术文件离实际推广应用尚有一定的距离。因此，建立一系列针对造纸行业水污染控制的管理体系和技术指导文件，是目前我国保障水污染物排放标准得以切实执行的基础。

第三，造纸行业缺少成套的具有自主知识产权的水污染控制关键技术与装备要解决造纸行业的污染问题。必须从源头减量和末端治理两个方面同时入手，根据不同原料和生产方法，如化学浆生产、化机浆生产、废纸制浆造纸等，研发、集成覆盖主要制浆造纸生产方法的具有自主知识产权的水污染控制关键技术与装备，并建设示范生产线加以验证，最终形成实用的、系统的技术指导文件，才能加快水污染控制关键技术与装备的推广应用，达到造纸行业实现减排的目标。

4.4 制浆造纸行业水污染防治的建议措施

随着我国制浆造纸行业的持续稳定发展，制浆造纸生产的高水耗和水污染问题突出，末端污染治理的传统管理思路已难以从根本上解决行业污染问题。为满足建设资源节约型、环境友好型社会的总体要求，顺应人民群众改善环境质量的期望，造纸行业必须以环境污染防治的全过程控制为核心指导思想，从产业优化、清洁生产、强化治理、综合利用 4 个层次，构建基于全生命周期的造纸行业水污染全过程控制体系，有效推进造纸行业水污染控制，全面支撑资源节约型与环境友好型社会建设，建议的措施如下。

（1）加强水专项技术成果推广应用，积极倡导绿色造纸技术，推动行业高质量发展

我国规模以上制浆造纸生产企业多达 2600 多家，平均规模只有 4 万 t。对于大多数的中小型企业，因限于技术、装备条件不高，水污染控制水平还较低。因此，必须发挥行业协会与制浆造纸生产企业的桥梁作用，积极推广水专项产出的制浆造纸行业水污染全过程控制技术，依托工程技术指南和行业技术发展蓝皮书，进一步发展适应不同生产规模的清洁生产技术和低成本

超低排放技术，持续提高水、纤维、化学品等资源的高效和循环利用，从源头控制污染。另外，从政府引导、政策扶持等多方面积极倡导绿色造纸，促使企业主动治污，实现资源－环境－效益协调的高质量发展。

（2）优化产业结构，推进新旧动能转换，引导制浆造纸行业绿色发展

近年来，我国生态环境保护进入攻坚期，环境治理也从简单的浓度控制向总量控制、质量控制转变。通过产业结构调整、限制企业规模与结构等措施加大对行业的约束，迫使落后产能主动退出市场；推进新旧动能转化，促进制浆生产向优势企业集中，提高产业集中度，为资源利用率提高及环境治理进步提供有效保障。同时，在淮河流域、黄河流域、长江流域等生态环境脆弱和高质量生态发展区域，要坚决淘汰"小造纸"等落后产能，鼓励企业兼并重组，引导和扶持优势企业做大做强，培育造纸龙头企业，推进绿色技术示范及标杆企业和工业园区建设，引导制浆造纸行业绿色发展。

（3）建立造纸行业特征污染物基础数据库，完善行业排污许可证后评估

制浆造纸废水成分复杂，除包括醇类、酯类、醛类、酮类和脂肪酸类等有机污染物外，还包括木质素脱除物及添加的涂料、废纸油墨等芳香族有机污染物，而后者因具有很好的化学稳定性，难以在物化、生化处理过程中彻底去除。因此，需要政府协会牵头、相关制浆造纸生产企业和科研院所积极合作建立木质素及其衍生物、废纸油墨等芳香族有毒有害特征污染物基础数据库，通过全生命周期评价，解决其排放对环境产生的持久性影响等问题；根据制浆造纸企业生产规模、工艺特征、特征污染物的产排量、对环境的影响程度等因素实行分类动态管理，确保"全面管理、重点突出"，进一步完善行业排污标准与许可证后评估，提升"三废"控制与治理水平。

参考文献

[1] 徐峻，李军，陈克复. 制浆造纸行业水污染全过程控制技术理论与实践［J］. 2020，39（4）：69－73.

[2] 陈克复. 中国造纸工业绿色进展及其工程技术［M］. 北京：中国轻工业出版社，2016.

[3] 张学斌，黄立军. 我国造纸行业的基本现状及发展对策［J］. 中国造纸，2017，36（6）：74－76.

[4] 顾民达. 造纸工业清洁生产现状与展望［J］. 中华纸业，2013，34（1）：19－25.

[5] 马倩倩. 造纸工业的水资源问题细究 [J]. 造纸化学品, 2016, 28 (1): 10 – 13.

[6] 华文. 废水 Fenton 处理污泥的处置与铁盐回收利用技术研究 [D]. 广州: 华南理工大学, 2017.

[7] 王双飞. 造纸废水资源化和超低排放关键技术及应用 [J]. 中国造纸, 2017, (8): 51 – 59.

[8] 韩颖, 刘秉钺, 王双飞, 等. 制浆造纸污染控制 [M]. 2 版. 北京: 轻工业出版社, 2016.

[9] 万金泉. 当代制浆造纸废水深度处理技术与实践 [J]. 中华纸业. 2011 (3): 18 – 23.

[10] 程言君, 孙晓峰. 轻工重点行业清洁生产及污染控制技术 [M]. 北京: 化学工业出版社, 2010.

[11] 张辉. 造纸业能耗与当今可推广的先进节能技术与装备 [J]. 中华纸业, 2012, 33 (22): 6 – 15.

[12] 汪俊. 非木材纤维制浆清洁生产技术方案备料与蒸煮工段 [J]. 中华纸业, 2013, 34 (24): 43 – 46.

[13] 李军, 何水淋, 李智, 等. 蔗渣浆 ECF 短序漂白流程的对比 [J]. 华南理工大学学报 (自然科学版), 2014, 42 (2): 14 – 20.

[14] 房桂干, 施英乔. 中国化学机械浆废水深度处理 [J]. 华东纸业, 2011, 42 (5): 67 – 76.

[15] 李华杰. APMP 化机浆蒸发系统结垢分析及处理 [J]. 中华纸业, 2018, 39 (6): 59 – 62.

[16] 乔军, 安庆臣, 应广东. 化学机械浆浓废水零排放技术的研究 [J]. 华东纸业, 2014, 45 (6): 43 – 46.

[17] 赵云松, 胡海军, 张丹. 机械蒸汽再压缩 (MVR) 技术在制浆废液蒸发中的应用 [J]. 中国造纸, 2013, 32 (2): 45 – 47.

[18] 袁金龙, 梁斌, 李文龙, 等. MVR 技术在化机浆废液处理中的应用 [J]. 中国造纸, 2015, 34 (7): 37 – 40.

[19] LÖNNBERG B. 机械制浆 (中芬合著) [M]. 六卷. 詹怀宇, 李海龙, 译. 北京: 中国轻工业出版社, 2015.

[20] 许银川, 陈小龙. 废纸制浆创新节能技术与装备 [J]. 中华纸业, 2019, 40 (15): 72 – 75.

[21] ULRICH HOKE, SCHABEL S. 回收纤维与脱墨 (中芬合著) [M]. 二十一卷. 付时雨, 译. 北京: 中国轻工业出版社, 2018.

附　录

附录 A　中华人民共和国环境保护法
（2014 年修订）

（1989 年 12 月 26 日第七届全国人民代表大会常务委员会第十一次会议通过 2014 年 4 月 24 日第十二届全国人民代表大会常务委员会第 8 次会议修订 2014 年 4 月 24 日中华人民共和国主席令第 9 号公布自 2015 年 1 月 1 日起施行）

第一章　总则

第一条　为保护和改善环境，防治污染和其他公害，保障公众健康，推进生态文明建设，促进经济社会可持续发展，制定本法。

第二条　本法所称环境，是指影响人类生存和发展的各种天然的和经过人工改造的自然因素的总体，包括大气、水、海洋、土地、矿藏、森林、草原、湿地、野生生物、自然遗迹、人文遗迹、自然保护区、风景名胜区、城市和乡村等。

第三条　本法适用于中华人民共和国领域和中华人民共和国管辖的其他海域。

第四条　保护环境是国家的基本国策。

国家采取有利于节约和循环利用资源、保护和改善环境、促进人与自然和谐的经济、技术政策和措施，使经济社会发展与环境保护相协调。

第五条　环境保护坚持保护优先、预防为主、综合治理、公众参与、损害担责的原则。

第六条　一切单位和个人都有保护环境的义务。

地方各级人民政府应当对本行政区域的环境质量负责。

企业事业单位和其他生产经营者应当防止、减少环境污染和生态破坏，对所造成的损害依法承担责任。

公民应当增强环境保护意识，采取低碳、节俭的生活方式，自觉履行环境保护义务。

第七条　国家支持环境保护科学技术研究、开发和应用，鼓励环境保护产业发展，促进环境保护信息化建设，提高环境保护科学技术水平。

第八条　各级人民政府应当加大保护和改善环境、防治污染和其他公害的财政投入，提高财政资金的使用效益。

第九条　各级人民政府应当加强环境保护宣传和普及工作，鼓励基层群众性自治组织、社会组织、环境保护志愿者开展环境保护法律法规和环境保护知识的宣传，营造保护环境的良好风气。

教育行政部门、学校应当将环境保护知识纳入学校教育内容，培养学生的环境保护意识。

新闻媒体应当开展环境保护法律法规和环境保护知识的宣传，对环境违法行为进行舆论监督。

第十条　国务院环境保护主管部门，对全国环境保护工作实施统一监督管理；县级以上地方人民政府环境保护主管部门，对本行政区域环境保护工作实施统一监督管理。

县级以上人民政府有关部门和军队环境保护部门，依照有关法律的规定对资源保护和污染防治等环境保护工作实施监督管理。

第十一条　对保护和改善环境有显著成绩的单位和个人，由人民政府给予奖励。

第十二条　每年6月5日为环境日。

第二章　监督管理

第十三条　县级以上人民政府应当将环境保护工作纳入国民经济和社会发展规划。

国务院环境保护主管部门会同有关部门，根据国民经济和社会发展规划编制国家环境保护规划，报国务院批准并公布实施。

县级以上地方人民政府环境保护主管部门会同有关部门，根据国家环境保护规划的要求，编制本行政区域的环境保护规划，报同级人民政府批准并公布实施。

环境保护规划的内容应当包括生态保护和污染防治的目标、任务、保障措施等，并与主体功能区规划、土地利用总体规划和城乡规划等相衔接。

第十四条　国务院有关部门和省、自治区、直辖市人民政府组织制定经济、技术政策，应当充分考虑对环境的影响，听取有关方面和专家的意见。

第十五条　国务院环境保护主管部门制定国家环境质量标准。

省、自治区、直辖市人民政府对国家环境质量标准中未作规定的项目，可以制定地方环境质量标准；对国家环境质量标准中已作规定的项目，可以制定严于国家环境质量标准的地方环境质量标准。地方环境质量标准应当报国务院环境保护主管部门备案。

国家鼓励开展环境基准研究。

第十六条　国务院环境保护主管部门根据国家环境质量标准和国家经济、技术条件，制定国家污染物排放标准。

省、自治区、直辖市人民政府对国家污染物排放标准中未作规定的项目，可以制定地方污染物排放标准；对国家污染物排放标准中已作规定的项目，可以制定严于国家污染物排放标准的地方污染物排放标准。地方污染物排放标准应当报国务院环境保护主管部门备案。

第十七条　国家建立、健全环境监测制度。国务院环境保护主管部门制定监测规范，会同有关部门组织监测网络，统一规划国家环境质量监测站（点）的设置，建立监测数据共享机制，加强对环境监测的管理。

有关行业、专业等各类环境质量监测站（点）的设置应当符合法律法规规定和监测规范的要求。

监测机构应当使用符合国家标准的监测设备，遵守监测规范。监测机构及其负责人对监测数据的真实性和准确性负责。

第十八条　省级以上人民政府应当组织有关部门或者委托专业机构，对环境状况进行调查、评价，建立环境资源承载能力监测预警机制。

第十九条　编制有关开发利用规划，建设对环境有影响的项目，应当依法进行环境影响评价。

未依法进行环境影响评价的开发利用规划，不得组织实施；未依法进行环境影响评价的建设项目，不得开工建设。

第二十条　国家建立跨行政区域的重点区域、流域环境污染和生态破坏联合防治协调机制，实行统一规划、统一标准、统一监测、统一的防治措施。

前款规定以外的跨行政区域的环境污染和生态破坏的防治，由上级人民政府协调解决，或者由有关地方人民政府协商解决。

第二十一条　国家采取财政、税收、价格、政府采购等方面的政策和措施，鼓励和支持环境保护技术装备、资源综合利用和环境服务等环境保护产业的发展。

第二十二条　企业事业单位和其他生产经营者，在污染物排放符合法定要求的基础上，进一步减少污染物排放的，人民政府应当依法采取财政、税收、价格、政府采购等方面的政策和措施予以鼓励和支持。

第二十三条　企业事业单位和其他生产经营者，为改善环境，依照有关规定转产、搬迁、关闭的，人民政府应当予以支持。

第二十四条　县级以上人民政府环境保护主管部门及其委托的环境监察机构和其他负有环境保护监督管理职责的部门，有权对排放污染物的企业事业单位和其他生产经营者进行现场检查。被检查者应当如实反映情况，提供必要的资料。实施现场检查的部门、机构及其工作人员应当为被检查者保守商业秘密。

第二十五条　企业事业单位和其他生产经营者违反法律法规规定排放污染物，造成或者可能造成严重污染的，县级以上人民政府环境保护主管部门和其他负有环境保护监督管理职责的部门，可以查封、扣押造成污染物排放的设施、设备。

第二十六条　国家实行环境保护目标责任制和考核评价制度。县级以上人民政府应当将环境保护目标完成情况纳入对本级人民政府负有环境保护监督管理职责的部门及其负责人和下级人民政府及其负责人的考核内容，作为对其考核评价的重要依据。考核结果应当向社会公开。

第二十七条　县级以上人民政府应当每年向本级人民代表大会或者人民代表大会常务

委员会报告环境状况和环境保护目标完成情况，对发生的重大环境事件应当及时向本级人民代表大会常务委员会报告，依法接受监督。

第三章 保护和改善环境

第二十八条 地方各级人民政府应当根据环境保护目标和治理任务，采取有效措施，改善环境质量。

未达到国家环境质量标准的重点区域、流域的有关地方人民政府，应当制定限期达标规划，并采取措施按期达标。

第二十九条 国家在重点生态功能区、生态环境敏感和脆弱区等区域划定生态保护红线，实行严格保护。

各级人民政府对具有代表性的各种类型的自然生态系统区域，珍稀、濒危的野生动植物自然分布区域，重要的水源涵养区域，具有重大科学文化价值的地质构造、著名溶洞和化石分布区、冰川、火山、温泉等自然遗迹，以及人文遗迹、古树名木，应当采取措施予以保护，严禁破坏。

第三十条 开发利用自然资源，应当合理开发，保护生物多样性，保障生态安全，依法制定有关生态保护和恢复治理方案并予以实施。

引进外来物种以及研究、开发和利用生物技术，应当采取措施，防止对生物多样性的破坏。

第三十一条 国家建立、健全生态保护补偿制度。

国家加大对生态保护地区的财政转移支付力度。有关地方人民政府应当落实生态保护补偿资金，确保其用于生态保护补偿。

国家指导受益地区和生态保护地区人民政府通过协商或者按照市场规则进行生态保护补偿。

第三十二条 国家加强对大气、水、土壤等的保护，建立和完善相应的调查、监测、评估和修复制度。

第三十三条 各级人民政府应当加强对农业环境的保护，促进农业环境保护新技术的使用，加强对农业污染源的监测预警，统筹有关部门采取措施，防治土壤污染和土地沙化、盐渍化、贫瘠化、石漠化、地面沉降以及防治植被破坏、水土流失、水体富营养化、水源枯竭、种源灭绝等生态失调现象，推广植物病虫害的综合防治。

县级、乡级人民政府应当提高农村环境保护公共服务水平，推动农村环境综合整治。

第三十四条 国务院和沿海地方各级人民政府应当加强对海洋环境的保护。向海洋排放污染物、倾倒废弃物，进行海岸工程和海洋工程建设，应当符合法律法规规定和有关标准，防止和减少对海洋环境的污染损害。

第三十五条 城乡建设应当结合当地自然环境的特点，保护植被、水域和自然景观，加强城市园林、绿地和风景名胜区的建设与管理。

第三十六条 国家鼓励和引导公民、法人和其他组织使用有利于保护环境的产品和再生产品，减少废弃物的产生。

国家机关和使用财政资金的其他组织应当优先采购和使用节能、节水、节材等有利于保护环境的产品、设备和设施。

第三十七条 地方各级人民政府应当采取措施，组织对生活废弃物的分类处置、回收利用。

第三十八条 公民应当遵守环境保护法律法规，配合实施环境保护措施，按照规定对生活废弃物进行分类放置，减少日常生活对环境造成的损害。

第三十九条 国家建立、健全环境与健康监测、调查和风险评估制度；鼓励和组织开展环境质量对公众健康影响的研究，采取措施预防和控制与环境污染有关的疾病。

第四章 防治污染和其他公害

第四十条 国家促进清洁生产和资源循环利用。

国务院有关部门和地方各级人民政府应当采取措施，推广清洁能源的生产和使用。

企业应当优先使用清洁能源，采用资源利用率高、污染物排放量少的工艺、设备以及废弃物综合利用技术和污染物无害化处理技术，减少污染物的产生。

第四十一条 建设项目中防治污染的设施，应当与主体工程同时设计、同时施工、同时投产使用。防治污染的设施应当符合经批准的环境影响评价文件的要求，不得擅自拆除或者闲置。

第四十二条 排放污染物的企业事业单位和其他生产经营者，应当采取措施，防治在生产建设或者其他活动中产生的废气、废水、废渣、医疗废物、粉尘、恶臭气体、放射性物质以及噪声、振动、光辐射、电磁辐射等对环境的污染和危害。

排放污染物的企业事业单位，应当建立环境保护责任制度，明确单位负责人和相关人员的责任。

重点排污单位应当按照国家有关规定和监测规范安装使用监测设备，保证监测设备正常运行，保存原始监测记录。

严禁通过暗管、渗井、渗坑、灌注或者篡改、伪造监测数据，或者不正常运行防治污染设施等逃避监管的方式违法排放污染物。

第四十三条 排放污染物的企业事业单位和其他生产经营者，应当按照国家有关规定缴纳排污费。排污费应当全部专项用于环境污染防治，任何单位和个人不得截留、挤占或者挪作他用。

依照法律规定征收环境保护税的，不再征收排污费。

第四十四条 国家实行重点污染物排放总量控制制度。重点污染物排放总量控制指标由国务院下达，省、自治区、直辖市人民政府分解落实。企业事业单位在执行国家和地方污染物排放标准的同时，应当遵守分解落实到本单位的重点污染物排放总量控制指标。

对超过国家重点污染物排放总量控制指标或者未完成国家确定的环境质量目标的地区，省级以上人民政府环境保护主管部门应当暂停审批其新增重点污染物排放总量的建设项目环境影响评价文件。

第四十五条 国家依照法律规定实行排污许可管理制度。

实行排污许可管理的企业事业单位和其他生产经营者应当按照排污许可证的要求排放污染物；未取得排污许可证的，不得排放污染物。

第四十六条 国家对严重污染环境的工艺、设备和产品实行淘汰制度。任何单位和个人不得生产、销售或者转移、使用严重污染环境的工艺、设备和产品。

禁止引进不符合我国环境保护规定的技术、设备、材料和产品。

第四十七条 各级人民政府及其有关部门和企业事业单位，应当依照《中华人民共和国突发事件应对法》的规定，做好突发环境事件的风险控制、应急准备、应急处置和事后恢复等工作。

县级以上人民政府应当建立环境污染公共监测预警机制，组织制定预警方案；环境受到污染，可能影响公众健康和环境安全时，依法及时公布预警信息，启动应急措施。

企业事业单位应当按照国家有关规定制定突发环境事件应急预案，报环境保护主管部门和有关部门备案。在发生或者可能发生突发环境事件时，企业事业单位应当立即采取措施处理，及时通报可能受到危害的单位和居民，并向环境保护主管部门和有关部门报告。

突发环境事件应急处置工作结束后，有关人民政府应当立即组织评估事件造成的环境影响和损失，并及时将评估结果向社会公布。

第四十八条 生产、储存、运输、销售、使用、处置化学物品和含有放射性物质的物品，应当遵守国家有关规定，防止污染环境。

第四十九条 各级人民政府及其农业等有关部门和机构应当指导农业生产经营者科学种植和养殖，科学合理施用农药、化肥等农业投入品，科学处置农用薄膜、农作物秸秆等农业废弃物，防止农业面源污染。

禁止将不符合农用标准和环境保护标准的固体废物、废水施入农田。施用农药、化肥等农业投入品及进行灌溉，应当采取措施，防止重金属和其他有毒有害物质污染环境。

畜禽养殖场、养殖小区、定点屠宰企业等的选址、建设和管理应当符合有关法律法规规定。从事畜禽养殖和屠宰的单位和个人应当采取措施，对畜禽粪便、尸体和污水等废弃物进行科学处置，防止污染环境。

县级人民政府负责组织农村生活废弃物的处置工作。

第五十条 各级人民政府应当在财政预算中安排资金，支持农村饮用水水源地保护、生活污水和其他废弃物处理、畜禽养殖和屠宰污染防治、土壤污染防治和农村工矿污染治理等环境保护工作。

第五十一条 各级人民政府应当统筹城乡建设污水处理设施及配套管网，固体废物的收集、运输和处置等环境卫生设施，危险废物集中处置设施、场所以及其他环境保护公共设施，并保障其正常运行。

第五十二条 国家鼓励投保环境污染责任保险。

第五章　信息公开和公众参与

第五十三条　公民、法人和其他组织依法享有获取环境信息、参与和监督环境保护的权利。

各级人民政府环境保护主管部门和其他负有环境保护监督管理职责的部门，应当依法公开环境信息、完善公众参与程序，为公民、法人和其他组织参与和监督环境保护提供便利。

第五十四条　国务院环境保护主管部门统一发布国家环境质量、重点污染源监测信息及其他重大环境信息。省级以上人民政府环境保护主管部门定期发布环境状况公报。

县级以上人民政府环境保护主管部门和其他负有环境保护监督管理职责的部门，应当依法公开环境质量、环境监测、突发环境事件以及环境行政许可、行政处罚、排污费的征收和使用情况等信息。

县级以上地方人民政府环境保护主管部门和其他负有环境保护监督管理职责的部门，应当将企业事业单位和其他生产经营者的环境违法信息记入社会诚信档案，及时向社会公布违法者名单。

第五十五条　重点排污单位应当如实向社会公开其主要污染物的名称、排放方式、排放浓度和总量、超标排放情况，以及防治污染设施的建设和运行情况，接受社会监督。

第五十六条　对依法应当编制环境影响报告书的建设项目，建设单位应当在编制时向可能受影响的公众说明情况，充分征求意见。

负责审批建设项目环境影响评价文件的部门在收到建设项目环境影响报告书后，除涉及国家秘密和商业秘密的事项外，应当全文公开；发现建设项目未充分征求公众意见的，应当责成建设单位征求公众意见。

第五十七条　公民、法人和其他组织发现任何单位和个人有污染环境和破坏生态行为的，有权向环境保护主管部门或者其他负有环境保护监督管理职责的部门举报。

公民、法人和其他组织发现地方各级人民政府、县级以上人民政府环境保护主管部门和其他负有环境保护监督管理职责的部门不依法履行职责的，有权向其上级机关或者监察机关举报。

接受举报的机关应当对举报人的相关信息予以保密，保护举报人的合法权益。

第五十八条　对污染环境、破坏生态，损害社会公共利益的行为，符合下列条件的社会组织可以向人民法院提起诉讼：

（一）依法在设区的市级以上人民政府民政部门登记；

（二）专门从事环境保护公益活动连续五年以上且无违法记录。

符合前款规定的社会组织向人民法院提起诉讼，人民法院应当依法受理。

提起诉讼的社会组织不得通过诉讼牟取经济利益。

第六章　法律责任

第五十九条　企业事业单位和其他生产经营者违法排放污染物，受到罚款处罚，被责令改正，拒不改正的，依法作出处罚决定的行政机关可以自责令改正之日的次日起，按照原处罚数额按日连续处罚。

前款规定的罚款处罚，依照有关法律法规按照防治污染设施的运行成本、违法行为造成的直接损失或者违法所得等因素确定的规定执行。

地方性法规可以根据环境保护的实际需要，增加第一款规定的按日连续处罚的违法行为的种类。

第六十条　企业事业单位和其他生产经营者超过污染物排放标准或者超过重点污染物排放总量控制指标排放污染物的，县级以上人民政府环境保护主管部门可以责令其采取限制生产、停产整治等措施；情节严重的，报经有批准权的人民政府批准，责令停业、关闭。

第六十一条　建设单位未依法提交建设项目环境影响评价文件或者环境影响评价文件未经批准，擅自开工建设的，由负有环境保护监督管理职责的部门责令停止建设，处以罚款，并可以责令恢复原状。

第六十二条　违反本法规定，重点排污单位不公开或者不如实公开环境信息的，由县级以上地方人民政府环境保护主管部门责令公开，处以罚款，并予以公告。

第六十三条　企业事业单位和其他生产经营者有下列行为之一，尚不构成犯罪的，除依照有关法律法规规定予以处罚外，由县级以上人民政府环境保护主管部门或者其他有关部门将案件移送公安机关，对其直接负责的主管人员和其他直接责任人员，处十日以上十五日以下拘留；情节较轻的，处五日以上十日以下拘留：

（一）建设项目未依法进行环境影响评价，被责令停止建设，拒不执行的；

（二）违反法律规定，未取得排污许可证排放污染物，被责令停止排污，拒不执行的；

（三）通过暗管、渗井、渗坑、灌注或者篡改、伪造监测数据，或者不正常运行防治污染设施等逃避监管的方式违法排放污染物的；

（四）生产、使用国家明令禁止生产、使用的农药，被责令改正，拒不改正的。

第六十四条　因污染环境和破坏生态造成损害的，应当依照《中华人民共和国侵权责任法》的有关规定承担侵权责任。

第六十五条　环境影响评价机构、环境监测机构以及从事环境监测设备和防治污染设施维护、运营的机构，在有关环境服务活动中弄虚作假，对造成的环境污染和生态破坏负有责任的，除依照有关法律法规规定予以处罚外，还应当与造成环境污染和生态破坏的其他责任者承担连带责任。

第六十六条　提起环境损害赔偿诉讼的时效期间为三年，从当事人知道或者应当知道其受到损害时起计算。

第六十七条　上级人民政府及其环境保护主管部门应当加强对下级人民政府及其有关部门环境保护工作的监督。发现有关工作人员有违法行为，依法应当给予处分的，应当向其任免机关或者监察机关提出处分建议。

依法应当给予行政处罚，而有关环境保护主管部门不给予行政处罚的，上级人民政府环境保护主管部门可以直接作出行政处罚的决定。

第六十八条　地方各级人民政府、县级以上人民政府环境保护主管部门和其他负有环境保护监督管理职责的部门有下列行为之一的，对直接负责的主管人员和其他直接责任人员给予记过、记大过或者降级处分；造成严重后果的，给予撤职或者开除处分，其主要负责人应当引咎辞职：

（一）不符合行政许可条件准予行政许可的；

（二）对环境违法行为进行包庇的；

（三）依法应当作出责令停业、关闭的决定而未作出的；

（四）对超标排放污染物、采用逃避监管的方式排放污染物、造成环境事故以及不落实生态保护措施造成生态破坏等行为，发现或者接到举报未及时查处的；

（五）违反本法规定，查封、扣押企业事业单位和其他生产经营者的设施、设备的；

（六）篡改、伪造或者指使篡改、伪造监测数据的；

（七）应当依法公开环境信息而未公开的；

（八）将征收的排污费截留、挤占或者挪作他用的；

（九）法律法规规定的其他违法行为。

第六十九条　违反本法规定，构成犯罪的，依法追究刑事责任。

第七章　附则

第七十条　本法自 2015 年 1 月 1 日起施行。

附录 B　中华人民共和国水污染防治法
（2017 年修订）

第一章　总则

第一条　为了保护和改善环境，防治水污染，保护水生态，保障饮用水安全，维护公众健康，推进生态文明建设，促进经济社会可持续发展，制定本法。

第二条　本法适用于中华人民共和国领域内的江河、湖泊、运河、渠道、水库等地表水体以及地下水体的污染防治。

海洋污染防治适用《中华人民共和国海洋环境保护法》。

第三条　水污染防治应当坚持预防为主、防治结合、综合治理的原则，优先保护饮用水水源，严格控制工业污染、城镇生活污染，防治农业面源污染，积极推进生态治理工程建设，预防、控制和减少水环境污染和生态破坏。

第四条　县级以上人民政府应当将水环境保护工作纳入国民经济和社会发展规划。地方各级人民政府对本行政区域的水环境质量负责，应当及时采取措施防治水污染。

第五条　省、市、县、乡建立河长制，分级分段组织领导本行政区域内江河、湖泊的水资源保护、水域岸线管理、水污染防治、水环境治理等工作。

第六条　国家实行水环境保护目标责任制和考核评价制度，将水环境保护目标完成情况作为对地方人民政府及其负责人考核评价的内容。

第七条　国家鼓励、支持水污染防治的科学技术研究和先进适用技术的推广应用，加强水环境保护的宣传教育。

第八条　国家通过财政转移支付等方式，建立健全对位于饮用水水源保护区区域和江河、湖泊、水库上游地区的水环境生态保护补偿机制。

第九条　县级以上人民政府环境保护主管部门对水污染防治实施统一监督管理。

交通主管部门的海事管理机构对船舶污染水域的防治实施监督管理。

县级以上人民政府水行政、国土资源、卫生、建设、农业、渔业等部门以及重要江河、湖泊的流域水资源保护机构，在各自的职责范围内，对有关水污染防治实施监督管理。

第十条　排放水污染物，不得超过国家或者地方规定的水污染物排放标准和重点水污染物排放总量控制指标。

第十一条　任何单位和个人都有义务保护水环境，并有权对污染损害水环境的行为进行检举。

县级以上人民政府及其有关主管部门对在水污染防治工作中做出显著成绩的单位和个

人给予表彰和奖励。

第二章　水污染防治的标准和规划

第十二条　国务院环境保护主管部门制定国家水环境质量标准。

省、自治区、直辖市人民政府可以对国家水环境质量标准中未作规定的项目，制定地方标准，并报国务院环境保护主管部门备案。

第十三条　国务院环境保护主管部门会同国务院水行政主管部门和有关省、自治区、直辖市人民政府，可以根据国家确定的重要江河、湖泊流域水体的使用功能以及有关地区的经济、技术条件，确定该重要江河、湖泊流域的省界水体适用的水环境质量标准，报国务院批准后施行。

第十四条　国务院环境保护主管部门根据国家水环境质量标准和国家经济、技术条件，制定国家水污染物排放标准。

省、自治区、直辖市人民政府对国家水污染物排放标准中未作规定的项目，可以制定地方水污染物排放标准；对国家水污染物排放标准中已作规定的项目，可以制定严于国家水污染物排放标准的地方水污染物排放标准。地方水污染物排放标准须报国务院环境保护主管部门备案。

向已有地方水污染物排放标准的水体排放污染物的，应当执行地方水污染物排放标准。

第十五条　国务院环境保护主管部门和省、自治区、直辖市人民政府，应当根据水污染防治的要求和国家或者地方的经济、技术条件，适时修订水环境质量标准和水污染物排放标准。

第十六条　防治水污染应当按流域或者按区域进行统一规划。国家确定的重要江河、湖泊的流域水污染防治规划，由国务院环境保护主管部门会同国务院经济综合宏观调控、水行政等部门和有关省、自治区、直辖市人民政府编制，报国务院批准。

前款规定外的其他跨省、自治区、直辖市江河、湖泊的流域水污染防治规划，根据国家确定的重要江河、湖泊的流域水污染防治规划和本地实际情况，由有关省、自治区、直辖市人民政府环境保护主管部门会同同级水行政等部门和有关市、县人民政府编制，经有关省、自治区、直辖市人民政府审核，报国务院批准。

省、自治区、直辖市内跨县江河、湖泊的流域水污染防治规划，根据国家确定的重要江河、湖泊的流域水污染防治规划和本地实际情况，由省、自治区、直辖市人民政府环境保护主管部门会同同级水行政等部门编制，报省、自治区、直辖市人民政府批准，并报国务院备案。

经批准的水污染防治规划是防治水污染的基本依据，规划的修订须经原批准机关批准。

县级以上地方人民政府应当根据依法批准的江河、湖泊的流域水污染防治规划，组织制定本行政区域的水污染防治规划。

第十七条　有关市、县级人民政府应当按照水污染防治规划确定的水环境质量改善目标的要求，制定限期达标规划，采取措施按期达标。

有关市、县级人民政府应当将限期达标规划报上一级人民政府备案，并向社会公开。

第十八条　市、县级人民政府每年在向本级人民代表大会或者其常务委员会报告环境状况和环境保护目标完成情况时，应当报告水环境质量限期达标规划执行情况，并向社会公开。

第三章　水污染防治的监督管理

第十九条　新建、改建、扩建直接或者间接向水体排放污染物的建设项目和其他水上设施，应当依法进行环境影响评价。

建设单位在江河、湖泊新建、改建、扩建排污口的，应当取得水行政主管部门或者流域管理机构同意；涉及通航、渔业水域的，环境保护主管部门在审批环境影响评价文件时，应当征求交通、渔业主管部门的意见。

建设项目的水污染防治设施，应当与主体工程同时设计、同时施工、同时投入使用。水污染防治设施应当符合经批准或者备案的环境影响评价文件的要求。

第二十条　国家对重点水污染物排放实施总量控制制度。

重点水污染物排放总量控制指标，由国务院环境保护主管部门在征求国务院有关部门和各省、自治区、直辖市人民政府意见后，会同国务院经济综合宏观调控部门报国务院批准并下达实施。

省、自治区、直辖市人民政府应当按照国务院的规定削减和控制本行政区域的重点水污染物排放总量，具体办法由国务院环境保护主管部门会同国务院有关部门规定。

省、自治区、直辖市人民政府可以根据本行政区域水环境质量状况和水污染防治工作的需要，对国家重点水污染物之外的其他水污染物排放实行总量控制。

对超过重点水污染物排放总量控制指标或者未完成水环境质量改善目标的地区，省级以上人民政府环境保护主管部门应当会同有关部门约谈该地区人民政府的主要负责人，并暂停审批新增重点水污染物排放总量的建设项目的环境影响评价文件。约谈情况应当向社会公开。

第二十一条　直接或者间接向水体排放工业废水和医疗污水以及其他按照规定应当取得排污许可证方可排放的废水、污水的企业事业单位和其他生产经营者，应当取得排污许可证；城镇污水集中处理设施的运营单位，也应当取得排污许可证。排污许可证应当明确排放水污染物的种类、浓度、总量和排放去向等要求。排污许可的具体办法由国务院规定。

禁止企业事业单位和其他生产经营者无排污许可证或者违反排污许可证的规定向水体排放前款规定的废水、污水。

第二十二条　向水体排放污染物的企业事业单位和其他生产经营者，应当按照法律、行政法规和国务院环境保护主管部门的规定设置排污口；在江河、湖泊设置排污口的，还应当遵守国务院水行政主管部门的规定。

第二十三条 实行排污许可管理的企业事业单位和其他生产经营者应当按照国家有关规定和监测规范，对所排放的水污染物自行监测，并保存原始监测记录。重点排污单位还应当安装水污染物排放自动监测设备，与环境保护主管部门的监控设备联网，并保证监测设备正常运行。具体办法由国务院环境保护主管部门规定。

应当安装水污染物排放自动监测设备的重点排污单位名录，由设区的市级以上地方人民政府环境保护主管部门根据本行政区域的环境容量、重点水污染物排放总量控制指标的要求以及排污单位排放水污染物的种类、数量和浓度等因素，商同级有关部门确定。

第二十四条 实行排污许可管理的企业事业单位和其他生产经营者应当对监测数据的真实性和准确性负责。

环境保护主管部门发现重点排污单位的水污染物排放自动监测设备传输数据异常，应当及时进行调查。

第二十五条 国家建立水环境质量监测和水污染物排放监测制度。国务院环境保护主管部门负责制定水环境监测规范，统一发布国家水环境状况信息，会同国务院水行政等部门组织监测网络，统一规划国家水环境质量监测站（点）的设置，建立监测数据共享机制，加强对水环境监测的管理。

第二十六条 国家确定的重要江河、湖泊流域的水资源保护工作机构负责监测其所在流域的省界水体的水环境质量状况，并将监测结果及时报国务院环境保护主管部门和国务院水行政主管部门；有经国务院批准成立的流域水资源保护领导机构的，应当将监测结果及时报告流域水资源保护领导机构。

第二十七条 国务院有关部门和县级以上地方人民政府开发、利用和调节、调度水资源时，应当统筹兼顾，维持江河的合理流量和湖泊、水库以及地下水体的合理水位，保障基本生态用水，维护水体的生态功能。

第二十八条 国务院环境保护主管部门应当会同国务院水行政等部门和有关省、自治区、直辖市人民政府，建立重要江河、湖泊的流域水环境保护联合协调机制，实行统一规划、统一标准、统一监测、统一的防治措施。

第二十九条 国务院环境保护主管部门和省、自治区、直辖市人民政府环境保护主管部门应当会同同级有关部门根据流域生态环境功能需要，明确流域生态环境保护要求，组织开展流域环境资源承载能力监测、评价，实施流域环境资源承载能力预警。

县级以上地方人民政府应当根据流域生态环境功能需要，组织开展江河、湖泊、湿地保护与修复，因地制宜建设人工湿地、水源涵养林、沿河沿湖植被缓冲带和隔离带等生态环境治理与保护工程，整治黑臭水体，提高流域环境资源承载能力。

从事开发建设活动，应当采取有效措施，维护流域生态环境功能，严守生态保护红线。

第三十条 环境保护主管部门和其他依照本法规定行使监督管理权的部门，有权对管辖范围内的排污单位进行现场检查，被检查的单位应当如实反映情况，提供必要的资料。检查机关有义务为被检查的单位保守在检查中获取的商业秘密。

第三十一条　跨行政区域的水污染纠纷，由有关地方人民政府协商解决，或者由其共同的上级人民政府协调解决。‚

第四章　水污染防治措施

第一节　一般规定

第三十二条　国务院环境保护主管部门应当会同国务院卫生主管部门，根据对公众健康和生态环境的危害和影响程度，公布有毒有害水污染物名录，实行风险管理。

排放前款规定名录中所列有毒有害水污染物的企业事业单位和其他生产经营者，应当对排污口和周边环境进行监测，评估环境风险，排查环境安全隐患，并公开有毒有害水污染物信息，采取有效措施防范环境风险。

第三十三条　禁止向水体排放油类、酸液、碱液或者剧毒废液。

禁止在水体清洗装贮过油类或者有毒污染物的车辆和容器。

第三十四条　禁止向水体排放、倾倒放射性固体废物或者含有高放射性和中放射性物质的废水。

向水体排放含低放射性物质的废水，应当符合国家有关放射性污染防治的规定和标准。

第三十五条　向水体排放含热废水，应当采取措施，保证水体的水温符合水环境质量标准。

第三十六条　含病原体的污水应当经过消毒处理；符合国家有关标准后，方可排放。

第三十七条　禁止向水体排放、倾倒工业废渣、城镇垃圾和其他废弃物。

禁止将含有汞、镉、砷、铬、铅、氰化物、黄磷等的可溶性剧毒废渣向水体排放、倾倒或者直接埋入地下。

存放可溶性剧毒废渣的场所，应当采取防水、防渗漏、防流失的措施。

第三十八条　禁止在江河、湖泊、运河、渠道、水库最高水位线以下的滩地和岸坡堆放、存贮固体废弃物和其他污染物。

第三十九条　禁止利用渗井、渗坑、裂隙、溶洞，私设暗管，篡改、伪造监测数据，或者不正常运行水污染防治设施等逃避监管的方式排放水污染物。

第四十条　化学品生产企业以及工业集聚区、矿山开采区、尾矿库、危险废物处置场、垃圾填埋场等的运营、管理单位，应当采取防渗漏等措施，并建设地下水水质监测井进行监测，防止地下水污染。

加油站等的地下油罐应当使用双层罐或者采取建造防渗池等其他有效措施，并进行防渗漏监测，防止地下水污染。

禁止利用无防渗漏措施的沟渠、坑塘等输送或者存贮含有毒污染物的废水、含病原体的污水和其他废弃物。

第四十一条　多层地下水的含水层水质差异大的，应当分层开采；对已受污染的潜水和承压水，不得混合开采。

第四十二条　兴建地下工程设施或者进行地下勘探、采矿等活动，应当采取防护性措施，防止地下水污染。

报废矿井、钻井或者取水井等，应当实施封井或者回填。

第四十三条　人工回灌补给地下水，不得恶化地下水质。

第二节　工业水污染防治

第四十四条　国务院有关部门和县级以上地方人民政府应当合理规划工业布局，要求造成水污染的企业进行技术改造，采取综合防治措施，提高水的重复利用率，减少废水和污染物排放量。

第四十五条　排放工业废水的企业应当采取有效措施，收集和处理产生的全部废水，防止污染环境。含有毒有害水污染物的工业废水应当分类收集和处理，不得稀释排放。

工业集聚区应当配套建设相应的污水集中处理设施，安装自动监测设备，与环境保护主管部门的监控设备联网，并保证监测设备正常运行。

向污水集中处理设施排放工业废水的，应当按照国家有关规定进行预处理，达到集中处理设施处理工艺要求后方可排放。

第四十六条　国家对严重污染水环境的落后工艺和设备实行淘汰制度。

国务院经济综合宏观调控部门会同国务院有关部门，公布限期禁止采用的严重污染水环境的工艺名录和限期禁止生产、销售、进口、使用的严重污染水环境的设备名录。

生产者、销售者、进口者或者使用者应当在规定的期限内停止生产、销售、进口或者使用列入前款规定的设备名录中的设备。工艺的采用者应当在规定的期限内停止采用列入前款规定的工艺名录中的工艺。

依照本条第二款、第三款规定被淘汰的设备，不得转让给他人使用。

第四十七条　国家禁止新建不符合国家产业政策的小型造纸、制革、印染、染料、炼焦、炼硫、炼砷、炼汞、炼油、电镀、农药、石棉、水泥、玻璃、钢铁、火电以及其他严重污染水环境的生产项目。

第四十八条　企业应当采用原材料利用效率高、污染物排放量少的清洁工艺，并加强管理，减少水污染物的产生。

第三节　城镇水污染防治

第四十九条　城镇污水应当集中处理。

县级以上地方人民政府应当通过财政预算和其他渠道筹集资金，统筹安排建设城镇污水集中处理设施及配套管网，提高本行政区域城镇污水的收集率和处理率。

国务院建设主管部门应当会同国务院经济综合宏观调控、环境保护主管部门，根据城乡规划和水污染防治规划，组织编制全国城镇污水处理设施建设规划。县级以上地方人民政府组织建设、经济综合宏观调控、环境保护、水行政等部门编制本行政区域的城镇污水处理设施建设规划。县级以上地方人民政府建设主管部门应当按照城镇污水处理设施建设规划，组织建设城镇污水集中处理设施及配套管网，并加强对城镇污水集中处理设施运营的监督管理。

城镇污水集中处理设施的运营单位按照国家规定向排污者提供污水处理的有偿服务，收取污水处理费用，保证污水集中处理设施的正常运行。收取的污水处理费用应当用于城镇污水集中处理设施的建设运行和污泥处理处置，不得挪作他用。

城镇污水集中处理设施的污水处理收费、管理以及使用的具体办法，由国务院规定。

第五十条　向城镇污水集中处理设施排放水污染物，应当符合国家或者地方规定的水污染物排放标准。

城镇污水集中处理设施的运营单位，应当对城镇污水集中处理设施的出水水质负责。

环境保护主管部门应当对城镇污水集中处理设施的出水水质和水量进行监督检查。

第五十一条　城镇污水集中处理设施的运营单位或者污泥处理处置单位应当安全处理处置污泥，保证处置后的污泥符合国家标准，并对污泥的去向等进行记录。

第四节　农业和农村水污染防治

五十二条　国家支持农村污水、垃圾处理设施的建设，推进农村污水、垃圾集中处理。

地方各级人民政府应当统筹规划建设农村污水、垃圾处理设施，并保障其正常运行。

第五十三条　制定化肥、农药等产品的质量标准和使用标准，应当适应水环境保护要求。

第五十四条　使用农药，应当符合国家有关农药安全使用的规定和标准。

运输、存贮农药和处置过期失效农药，应当加强管理，防止造成水污染。

第五十五条　县级以上地方人民政府农业主管部门和其他有关部门，应当采取措施，指导农业生产者科学、合理地施用化肥和农药，推广测土配方施肥技术和高效低毒低残留农药，控制化肥和农药的过量使用，防止造成水污染。

第五十六条　国家支持畜禽养殖场、养殖小区建设畜禽粪便、废水的综合利用或者无害化处理设施。

畜禽养殖场、养殖小区应当保证其畜禽粪便、废水的综合利用或者无害化处理设施正常运转，保证污水达标排放，防止污染水环境。

畜禽散养密集区所在地县、乡级人民政府应当组织对畜禽粪便污水进行分户收集、集中处理利用。

第五十七条　从事水产养殖应当保护水域生态环境，科学确定养殖密度，合理投饵和使用药物，防止污染水环境。

第五十八条　农田灌溉用水应当符合相应的水质标准，防止污染土壤、地下水和农产品。

禁止向农田灌溉渠道排放工业废水或者医疗污水。向农田灌溉渠道排放城镇污水以及未综合利用的畜禽养殖废水、农产品加工废水的，应当保证其下游最近的灌溉取水点的水质符合农田灌溉水质标准。

第五节　船舶水污染防治

第五十九条　船舶排放含油污水、生活污水，应当符合船舶污染物排放标准。从事海洋航运的船舶进入内河和港口的，应当遵守内河的船舶污染物排放标准。

船舶的残油、废油应当回收，禁止排入水体。

禁止向水体倾倒船舶垃圾。

船舶装载运输油类或者有毒货物，应当采取防止溢流和渗漏的措施，防止货物落水造成水污染。

进入中华人民共和国内河的国际航线船舶排放压载水的，应当采用压载水处理装置或者采取其他等效措施，对压载水进行灭活等处理。禁止排放不符合规定的船舶压载水。

第六十条　船舶应当按照国家有关规定配置相应的防污设备和器材，并持有合法有效的防止水域环境污染的证书与文书。

船舶进行涉及污染物排放的作业，应当严格遵守操作规程，并在相应的记录簿上如实记载。

第六十一条　港口、码头、装卸站和船舶修造厂所在地市、县级人民政府应当统筹规划建设船舶污染物、废弃物的接收、转运及处理处置设施。

港口、码头、装卸站和船舶修造厂应当备有足够的船舶污染物、废弃物的接收设施。从事船舶污染物、废弃物接收作业，或者从事装载油类、污染危害性货物船舱清洗作业的单位，应当具备与其运营规模相适应的接收处理能力。

第六十二条　船舶及有关作业单位从事有污染风险的作业活动，应当按照有关法律法规和标准，采取有效措施，防止造成水污染。海事管理机构、渔业主管部门应当加强对船舶及有关作业活动的监督管理。

船舶进行散装液体污染危害性货物的过驳作业，应当编制作业方案，采取有效的安全和污染防治措施，并报作业地海事管理机构批准。

禁止采取冲滩方式进行船舶拆解作业。

第五章　饮用水水源和其他特殊水体保护

第六十三条　国家建立饮用水水源保护区制度。饮用水水源保护区分为一级保护区和二级保护区；必要时，可以在饮用水水源保护区外围划定一定的区域作为准保护区。

饮用水水源保护区的划定，由有关市、县人民政府提出划定方案，报省、自治区、直辖市人民政府批准；跨市、县饮用水水源保护区的划定，由有关市、县人民政府协商提出划定方案，报省、自治区、直辖市人民政府批准；协商不成的，由省、自治区、直辖市人民政府环境保护主管部门会同同级水行政、国土资源、卫生、建设等部门提出划定方案，征求同级有关部门的意见后，报省、自治区、直辖市人民政府批准。

跨省、自治区、直辖市的饮用水水源保护区，由有关省、自治区、直辖市人民政府商有关流域管理机构划定；协商不成的，由国务院环境保护主管部门会同同级水行政、国土资源、卫生、建设等部门提出划定方案，征求国务院有关部门的意见后，报国务院批准。

国务院和省、自治区、直辖市人民政府可以根据保护饮用水水源的实际需要，调整饮用水水源保护区的范围，确保饮用水安全。有关地方人民政府应当在饮用水水源保护区的边界设立明确的地理界标和明显的警示标志。

第六十四条　在饮用水水源保护区内，禁止设置排污口。

第六十五条　禁止在饮用水水源一级保护区内新建、改建、扩建与供水设施和保护水源无关的建设项目；已建成的与供水设施和保护水源无关的建设项目，由县级以上人民政府责令拆除或者关闭。

禁止在饮用水水源一级保护区内从事网箱养殖、旅游、游泳、垂钓或者其他可能污染饮用水水体的活动。

第六十六条　禁止在饮用水水源二级保护区内新建、改建、扩建排放污染物的建设项目；已建成的排放污染物的建设项目，由县级以上人民政府责令拆除或者关闭。

在饮用水水源二级保护区内从事网箱养殖、旅游等活动的，应当按照规定采取措施，防止污染饮用水水体。

第六十七条　禁止在饮用水水源准保护区内新建、扩建对水体污染严重的建设项目；改建建设项目，不得增加排污量。

第六十八条　县级以上地方人民政府应当根据保护饮用水水源的实际需要，在准保护区内采取工程措施或者建造湿地、水源涵养林等生态保护措施，防止水污染物直接排入饮用水水体，确保饮用水安全。

第六十九条　县级以上地方人民政府应当组织环境保护等部门，对饮用水水源保护区、地下水型饮用水源的补给区及供水单位周边区域的环境状况和污染风险进行调查评估，筛查可能存在的污染风险因素，并采取相应的风险防范措施。

饮用水水源受到污染可能威胁供水安全的，环境保护主管部门应当责令有关企业事业单位和其他生产经营者采取停止排放水污染物等措施，并通报饮用水供水单位和供水、卫生、水行政等部门；跨行政区域的，还应当通报相关地方人民政府。

第七十条　单一水源供水城市的人民政府应当建设应急水源或者备用水源，有条件的地区可以开展区域联网供水。

县级以上地方人民政府应当合理安排、布局农村饮用水水源，有条件的地区可以采取城镇供水管网延伸或者建设跨村、跨乡镇联片集中供水工程等方式，发展规模集中供水。

第七十一条　饮用水供水单位应当做好取水口和出水口的水质检测工作。发现取水口水质不符合饮用水水源水质标准或者出水口水质不符合饮用水卫生标准的，应当及时采取相应措施，并向所在地市、县级人民政府供水主管部门报告。供水主管部门接到报告后，应当通报环境保护、卫生、水行政等部门。

饮用水供水单位应当对供水水质负责，确保供水设施安全可靠运行，保证供水水质符合国家有关标准。

第七十二条 县级以上地方人民政府应当组织有关部门监测、评估本行政区域内饮用水水源、供水单位供水和用户水龙头出水的水质等饮用水安全状况。

县级以上地方人民政府有关部门应当至少每季度向社会公开一次饮用水安全状况信息。

第七十三条 国务院和省、自治区、直辖市人民政府根据水环境保护的需要，可以规定在饮用水水源保护区内，采取禁止或者限制使用含磷洗涤剂、化肥、农药以及限制种植养殖等措施。

第七十四条 县级以上人民政府可以对风景名胜区水体、重要渔业水体和其他具有特殊经济文化价值的水体划定保护区，并采取措施，保证保护区的水质符合规定用途的水环境质量标准。

第七十五条 在风景名胜区水体、重要渔业水体和其他具有特殊经济文化价值的水体的保护区内，不得新建排污口。在保护区附近新建排污口，应当保证保护区水体不受污染。

第六章 水污染事故处置

第七十六条 各级人民政府及其有关部门，可能发生水污染事故的企业事业单位，应当依照《中华人民共和国突发事件应对法》的规定，做好突发水污染事故的应急准备、应急处置和事后恢复等工作。

第七十七条 可能发生水污染事故的企业事业单位，应当制定有关水污染事故的应急方案，做好应急准备，并定期进行演练。

生产、储存危险化学品的企业事业单位，应当采取措施，防止在处理安全生产事故过程中产生的可能严重污染水体的消防废水、废液直接排入水体。

第七十八条 企业事业单位发生事故或者其他突发性事件，造成或者可能造成水污染事故的，应当立即启动本单位的应急方案，采取隔离等应急措施，防止水污染物进入水体，并向事故发生地的县级以上地方人民政府或者环境保护主管部门报告。环境保护主管部门接到报告后，应当及时向本级人民政府报告，并抄送有关部门。

造成渔业污染事故或者渔业船舶造成水污染事故的，应当向事故发生地的渔业主管部门报告，接受调查处理。其他船舶造成水污染事故的，应当向事故发生地的海事管理机构报告，接受调查处理；给渔业造成损害的，海事管理机构应当通知渔业主管部门参与调查处理。

第七十九条 市、县级人民政府应当组织编制饮用水安全突发事件应急预案。

饮用水供水单位应当根据所在地饮用水安全突发事件应急预案，制定相应的突发事件应急方案，报所在地市、县级人民政府备案，并定期进行演练。

饮用水水源发生水污染事故，或者发生其他可能影响饮用水安全的突发性事件，饮用水供水单位应当采取应急处理措施，向所在地市、县级人民政府报告，并向社会公开。有关人民政府应当根据情况及时启动应急预案，采取有效措施，保障供水安全。

第七章　法律责任

第八十条　环境保护主管部门或者其他依照本法规定行使监督管理权的部门，不依法作出行政许可或者办理批准文件的，发现违法行为或者接到对违法行为的举报后不予查处的，或者有其他未依照本法规定履行职责的行为的，对直接负责的主管人员和其他直接责任人员依法给予处分。

第八十一条　以拖延、围堵、滞留执法人员等方式拒绝、阻挠环境保护主管部门或者其他依照本法规定行使监督管理权的部门的监督检查，或者在接受监督检查时弄虚作假的，由县级以上人民政府环境保护主管部门或者其他依照本法规定行使监督管理权的部门责令改正，处二万元以上二十万元以下的罚款。

第八十二条　违反本法规定，有下列行为之一的，由县级以上人民政府环境保护主管部门责令限期改正，处二万元以上二十万元以下的罚款；逾期不改正的，责令停产整治：

（一）未按照规定对所排放的水污染物自行监测，或者未保存原始监测记录的；

（二）未按照规定安装水污染物排放自动监测设备，未按照规定与环境保护主管部门的监控设备联网，或者未保证监测设备正常运行的；

（三）未按照规定对有毒有害水污染物的排污口和周边环境进行监测，或者未公开有毒有害水污染物信息的。

第八十三条　违反本法规定，有下列行为之一的，由县级以上人民政府环境保护主管部门责令改正或者责令限制生产、停产整治，并处十万元以上一百万元以下的罚款；情节严重的，报经有批准权的人民政府批准，责令停业、关闭：

（一）未依法取得排污许可证排放水污染物的；

（二）超过水污染物排放标准或者超过重点水污染物排放总量控制指标排放水污染物的；

（三）利用渗井、渗坑、裂隙、溶洞，私设暗管，篡改、伪造监测数据，或者不正常运行水污染防治设施等逃避监管的方式排放水污染物的；

（四）未按照规定进行预处理，向污水集中处理设施排放不符合处理工艺要求的工业废水的。

第八十四条　在饮用水水源保护区内设置排污口的，由县级以上地方人民政府责令限期拆除，处十万元以上五十万元以下的罚款；逾期不拆除的，强制拆除，所需费用由违法者承担，处五十万元以上一百万元以下的罚款，并可以责令停产整治。

除前款规定外，违反法律、行政法规和国务院环境保护主管部门的规定设置排污口的，由县级以上地方人民政府环境保护主管部门责令限期拆除，处二万元以上十万元以下的罚款；逾期不拆除的，强制拆除，所需费用由违法者承担，处十万元以上五十万元以下的罚款；情节严重的，可以责令停产整治。

未经水行政主管部门或者流域管理机构同意，在江河、湖泊新建、改建、扩建排污口的，由县级以上人民政府水行政主管部门或者流域管理机构依据职权，依照前款规定采取措施、给予处罚。

第八十五条 有下列行为之一的，由县级以上地方人民政府环境保护主管部门责令停止违法行为，限期采取治理措施，消除污染，处以罚款；逾期不采取治理措施的，环境保护主管部门可以指定有治理能力的单位代为治理，所需费用由违法者承担：

（一）向水体排放油类、酸液、碱液的；

（二）向水体排放剧毒废液，或者将含有汞、镉、砷、铬、铅、氰化物、黄磷等的可溶性剧毒废渣向水体排放、倾倒或者直接埋入地下的；

（三）在水体清洗装贮过油类、有毒污染物的车辆或者容器的；

（四）向水体排放、倾倒工业废渣、城镇垃圾或者其他废弃物，或者在江河、湖泊、运河、渠道、水库最高水位线以下的滩地、岸坡堆放、存贮固体废弃物或者其他污染物的；

（五）向水体排放、倾倒放射性固体废物或者含有高放射性、中放射性物质的废水的；

（六）违反国家有关规定或者标准，向水体排放含低放射性物质的废水、热废水或者含病原体的污水的；

（七）未采取防渗漏等措施，或者未建设地下水水质监测井进行监测的；

（八）加油站等的地下油罐未使用双层罐或者采取建造防渗池等其他有效措施，或者未进行防渗漏监测的；

（九）未按照规定采取防护性措施，或者利用无防渗漏措施的沟渠、坑塘等输送或者存贮含有毒污染物的废水、含病原体的污水或者其他废弃物的。

有前款第三项、第四项、第六项、第七项、第八项行为之一的，处二万元以上二十万元以下的罚款；有前款第一项、第二项、第五项、第九项行为之一的，处十万元以上一百万元以下的罚款；情节严重的，报经有批准权的人民政府批准，责令停业、关闭。

第八十六条 违反本法规定，生产、销售、进口或者使用列入禁止生产、销售、进口、使用的严重污染水环境的设备名录中的设备，或者采用列入禁止采用的严重污染水环境的工艺名录中的工艺的，由县级以上人民政府经济综合宏观调控部门责令改正，处五万元以上二十万元以下的罚款；情节严重的，由县级以上人民政府经济综合宏观调控部门提出意见，报请本级人民政府责令停业、关闭。

第八十七条 违反本法规定，建设不符合国家产业政策的小型造纸、制革、印染、染料、炼焦、炼硫、炼砷、炼汞、炼油、电镀、农药、石棉、水泥、玻璃、钢铁、火电以及其他严重污染水环境的生产项目的，由所在地的市、县人民政府责令关闭。

第八十八条 城镇污水集中处理设施的运营单位或者污泥处理处置单位，处理处置后的污泥不符合国家标准，或者对污泥去向等未进行记录的，由城镇排水主管部门责令限期采取治理措施，给予警告；造成严重后果的，处十万元以上二十万元以下的罚款；逾期不采取治理措施的，城镇排水主管部门可以指定有治理能力的单位代为治理，所需费用由违法者承担。

第八十九条　船舶未配置相应的防污染设备和器材，或者未持有合法有效的防止水域环境污染的证书与文书的，由海事管理机构、渔业主管部门按照职责分工责令限期改正，处二千元以上二万元以下的罚款；逾期不改正的，责令船舶临时停航。

船舶进行涉及污染物排放的作业，未遵守操作规程或者未在相应的记录簿上如实记载的，由海事管理机构、渔业主管部门按照职责分工责令改正，处二千元以上二万元以下的罚款。

第九十条　违反本法规定，有下列行为之一的，由海事管理机构、渔业主管部门按照职责分工责令停止违法行为，处一万元以上十万元以下的罚款；造成水污染的，责令限期采取治理措施，消除污染，处二万元以上二十万元以下的罚款；逾期不采取治理措施的，海事管理机构、渔业主管部门按照职责分工可以指定有治理能力的单位代为治理，所需费用由船舶承担：（一）向水体倾倒船舶垃圾或者排放船舶的残油、废油的；

（二）未经作业地海事管理机构批准，船舶进行散装液体污染危害性货物的过驳作业的；

（三）船舶及有关作业单位从事有污染风险的作业活动，未按照规定采取污染防治措施的；（四）以冲滩方式进行船舶拆解的；

（五）进入中华人民共和国内河的国际航线船舶，排放不符合规定的船舶压载水的。

第九十一条　有下列行为之一的，由县级以上地方人民政府环境保护主管部门责令停止违法行为，处十万元以上五十万元以下的罚款；并报经有批准权的人民政府批准，责令拆除或者关闭：

（一）在饮用水水源一级保护区内新建、改建、扩建与供水设施和保护水源无关的建设项目的；

（二）在饮用水水源二级保护区内新建、改建、扩建排放污染物的建设项目的；

（三）在饮用水水源准保护区内新建、扩建对水体污染严重的建设项目，或者改建建设项目增加排污量的。

在饮用水水源一级保护区内从事网箱养殖或者组织进行旅游、垂钓或者其他可能污染饮用水水体的活动的，由县级以上地方人民政府环境保护主管部门责令停止违法行为，处二万元以上十万元以下的罚款。个人在饮用水水源一级保护区内游泳、垂钓或者从事其他可能污染饮用水水体的活动的，由县级以上地方人民政府环境保护主管部门责令停止违法行为，可以处五百元以下的罚款。

第九十二条　饮用水供水单位供水水质不符合国家规定标准的，由所在地市、县级人民政府供水主管部门责令改正，处二万元以上二十万元以下的罚款；情节严重的，报经有批准权的人民政府批准，可以责令停业整顿；对直接负责的主管人员和其他直接责任人员依法给予处分。

第九十三条　企业事业单位有下列行为之一的，由县级以上人民政府环境保护主管部门责令改正；情节严重的，处二万元以上十万元以下的罚款：

（一）不按照规定制定水污染事故的应急方案的；

（二）水污染事故发生后，未及时启动水污染事故的应急方案，采取有关应急措施的。

第九十四条 企业事业单位违反本法规定，造成水污染事故的，除依法承担赔偿责任外，由县级以上人民政府环境保护主管部门依照本条第二款的规定处以罚款，责令限期采取治理措施，消除污染；未按照要求采取治理措施或者不具备治理能力的，由环境保护主管部门指定有治理能力的单位代为治理，所需费用由违法者承担；对造成重大或者特大水污染事故的，还可以报经有批准权的人民政府批准，责令关闭；对直接负责的主管人员和其他直接责任人员可以处上一年度从本单位取得的收入百分之五十以下的罚款；有《中华人民共和国环境保护法》第六十三条规定的违法排放水污染物等行为之一，尚不构成犯罪的，由公安机关对直接负责的主管人员和其他直接责任人员处十日以上十五日以下的拘留；情节较轻的，处五日以上十日以下的拘留。

对造成一般或者较大水污染事故的，按照水污染事故造成的直接损失的百分之二十计算罚款；对造成重大或者特大水污染事故的，按照水污染事故造成的直接损失的百分之三十计算罚款。

造成渔业污染事故或者渔业船舶造成水污染事故的，由渔业主管部门进行处罚；其他船舶造成水污染事故的，由海事管理机构进行处罚。

第九十五条 企业事业单位和其他生产经营者违法排放水污染物，受到罚款处罚，被责令改正的，依法作出处罚决定的行政机关应当组织复查，发现其继续违法排放水污染物或者拒绝、阻挠复查的，依照《中华人民共和国环境保护法》的规定按日连续处罚。

第九十六条 因水污染受到损害的当事人，有权要求排污方排除危害和赔偿损失。

由于不可抗力造成水污染损害的，排污方不承担赔偿责任；法律另有规定的除外。

水污染损害是由受害人故意造成的，排污方不承担赔偿责任。水污染损害是由受害人重大过失造成的，可以减轻排污方的赔偿责任。

水污染损害是由第三人造成的，排污方承担赔偿责任后，有权向第三人追偿。

第九十七条 因水污染引起的损害赔偿责任和赔偿金额的纠纷，可以根据当事人的请求，由环境保护主管部门或者海事管理机构、渔业主管部门按照职责分工调解处理；调解不成的，当事人可以向人民法院提起诉讼。当事人也可以直接向人民法院提起诉讼。

第九十八条 因水污染引起的损害赔偿诉讼，由排污方就法律规定的免责事由及其行为与损害结果之间不存在因果关系承担举证责任。

第九十九条 因水污染受到损害的当事人人数众多的，可以依法由当事人推选代表人进行共同诉讼。

环境保护主管部门和有关社会团体可以依法支持因水污染受到损害的当事人向人民法院提起诉讼。

国家鼓励法律服务机构和律师为水污染损害诉讼中的受害人提供法律援助。

第一百条　因水污染引起的损害赔偿责任和赔偿金额的纠纷，当事人可以委托环境监测机构提供监测数据。环境监测机构应当接受委托，如实提供有关监测数据。

第一百零一条　违反本法规定，构成犯罪的，依法追究刑事责任。

第八章　附则

第一百零二条　本法中下列用语的含义：

（一）水污染，是指水体因某种物质的介入，而导致其化学、物理、生物或者放射性等方面特性的改变，从而影响水的有效利用，危害人体健康或者破坏生态环境，造成水质恶化的现象。

（二）水污染物，是指直接或者间接向水体排放的，能导致水体污染的物质。

（三）有毒污染物，是指那些直接或者间接被生物摄入体内后，可能导致该生物或者其后代发病、行为反常、遗传异变、生理机能失常、机体变形或者死亡的污染物。

（四）污泥，是指污水处理过程中产生的半固态或者固态物质。

（五）渔业水体，是指划定的鱼虾类的产卵场、索饵场、越冬场、洄游通道和鱼虾贝藻类的养殖场的水体。

第一百零三条　本法自 2008 年 6 月 1 日起施行。

附录 C　造纸产业发展政策

前言

造纸产业是与国民经济和社会事业发展关系密切的重要基础原材料产业，纸及纸板的消费水平是衡量一个国家现代化水平和文明程度的标志。造纸产业具有资金技术密集、规模效益显著的特点，其产业关联度强，市场容量大，是拉动林业、农业、印刷、包装、机械制造等产业发展的重要力量，已成为我国国民经济发展的新的增长点。造纸产业以木材、竹、芦苇等原生植物纤维和废纸等再生纤维为原料，可部分替代塑料、钢铁、有色金属等不可再生资源，是我国国民经济中具有可持续发展特点的重要产业。

目前，我国造纸工业企业3600家，能力约7000万吨，纸及纸板产量达5600万吨，消费量达5930万吨，生产量和消费量均居世界第二位，已成为世界造纸工业生产、消费和贸易大国。"十五"期间我国造纸工业进入快速发展期，其主要特点：一是政策环境基本建立，林纸一体化发展形成共识；二是生产消费快速增加，行业运行质量显著提高；三是原料结构有所改善，产品结构进一步优化；四是企业重组力度加大，产业集中度有所提高；五是污染防治初见成效，资源消耗进一步降低。但同时我国造纸产业也面临资源约束、环境压力等问题，主要表现在：一是规模不合理，规模效益水平低；二是优质原料缺口大，对外依存度高；三是资源消耗较高，污染防治任务艰巨；四是装备研发能力差，先进装备依靠进口；五是外商投资结构有待优化，统筹协调发展任务紧迫。

近年来，世界造纸产业技术进步发展迅速，由于受到资源、环境等方面的约束，造纸企业在节能降耗、保护环境、提高产品质量、提高经济效益等方面加大工作力度，正朝着高效率、高质量、高效益、低消耗、低排放的现代化大工业方向持续发展，呈现出企业规模化、技术集成化、产品多样化功能化、生产清洁化、资源节约化、林纸一体化和产业全球化发展的趋势。

发展我国造纸产业，必须坚持循环发展、环境保护、技术创新、结构调整和对外开放的基本原则，坚决贯彻落实科学发展观和走新型工业化道路的要求；进一步完善市场环境，加大自主创新，转变发展模式，加快企业重组，加大环境整治力度；促进林纸一体化建设，继续推进《全国林纸一体化工程建设"十五"及2010年专项规划》的实施；以企业为核心，以市场为导向，促进产、学、研、用相结合，提高制浆造纸装备国产化水平；更好体现造纸产业循环经济的特点，推进清洁生产，节约资源，关闭落后草浆生产线，减少污染，贯彻可持续发展方针；全面构建装备先进、生产清洁、发展协调、增长持续、循环节约、竞争有序的现代造纸产业，进一步适应国民经济发展的要求和世界经济一体化的形势。

根据完善社会主义市场经济体制改革的要求，结合相关法律法规，制定本产业发展政策，以建立公平的市场秩序和良好的发展环境，解决造纸产业发展中存在的问题，指导产业健康发展。

第一章　政策目标

第一条　通过政策的制定，建立充分发挥市场配置资源，辅之以政府宏观调控的产业发展新机制。

第二条　坚持改革开放，贯彻落实科学发展观，走新型工业化道路，发挥造纸产业自身具有循环经济特点的优势，实施可持续发展战略，建设中国特色的现代造纸产业。适度控制纸及纸板项目的建设，到 2010 年，纸及纸板新增产能 2650 万吨，淘汰现有落后产能 650 万吨，有效产能达到 9000 万吨。

第三条　通过产业布局、原料结构、产品结构、企业结构的调整，逐步形成布局合理、原料适合国情、产品满足国内需求、产业集中度高的新格局，实现产业结构优化升级。

第四条　加大技术创新力度，形成以企业为主体、市场为导向、产学研用相结合的技术创新体系，培育高素质人才队伍，研发具有自主知识产权的先进工艺、技术、装备及产品，培育一批制浆造纸装备制造龙头企业，提高我国制浆造纸装备研发能力和设计制造水平。

第五条　转变增长方式，增强行业和企业社会责任意识，严格执行国家有关环境保护、资源节约、劳动保障、安全生产等法律法规。到 2010 年实现造纸产业吨产品平均取水量由 2005 年 103 立方米降至 80 立方米、综合平均能耗（标煤）由 2005 年 1.38 吨降至 1.10 吨、污染物（COD）排放总量由 2005 年 160 万吨减到 140 万吨，逐步建立资源节约、环境友好、发展和谐的造纸产业发展新模式。

第六条　明确产业准入条件，规范投融资行为和市场秩序，建立公平的竞争环境。

第二章　产业布局

第七条　造纸产业布局要充分考虑纤维资源、水资源、环境容量、市场需求、交通运输等条件，发挥比较优势，力求资源配置合理，与环境协调发展。

第八条　造纸产业发展总体布局应"由北向南"调整，形成合理的产业新布局。

第九条　长江以南是造纸产业发展的重点地区，要以林纸一体化工程建设为主，加快发展制浆造纸产业。

东南沿海地区是我国林纸一体化工程建设的重点地区；

长江中下游地区在充分发挥现有骨干企业积极性的同时，要加快培育或引进大型林纸一体化项目的建设主体，逐步发展成为我国林纸一体化工程建设的重点地区；

西南地区要合理利用木、竹资源，变资源优势为经济优势，坚持木浆、竹浆并举；

长江三角洲和珠江三角洲地区，特别要重视利用国内外木浆和废纸等造纸，原则上不再布局利用本地木材的木浆项目。

第十条　长江以北是造纸产业优化调整地区，重点调整原料结构、减少企业数量、提高生产集中度。

黄淮海地区要淘汰落后草浆产能，增加商品木浆和废纸的利用，适度发展林纸一体化，控制大量耗水的纸浆项目，加快区域产业升级，确保在发展造纸产业的同时不增加或减少水资源消耗和污染物排放；

东北地区加快造纸林基地建设，加大现有企业改造力度，提高其竞争力，原则上不再布局新的制浆造纸企业；

西北地区要通过龙头企业的兼并与重组，加快造纸产业的整合，严格控制扩大产能。

第十一条　重点环境保护地区、严重缺水地区、大城市市区，不再布局制浆造纸项目，禁止严重缺水地区建设灌溉型造纸林基地。

第三章　纤维原料

第十二条　充分利用国内外两种资源，提高木浆比重、扩大废纸回收利用、合理利用非木浆，逐步形成以木纤维、废纸为主、非木纤维为辅的造纸原料结构。

到2010年，木浆、废纸浆、非木浆结构达到26%、56%、18%。

第十三条　加快推进林纸一体化工程建设，大力发展木浆，鼓励利用木材采伐剩余物、木材加工剩余物、进口木材和木片等生产木浆，合理进口国外木浆。到2010年，力争实现建设造纸林基地500万公顷、新增木浆生产能力645万吨的目标。

第十四条　鼓励现有林场及林业公司与国内制浆造纸企业共同建设造纸原料林基地。企业建设造纸林基地要符合国家林业分类经营、速生丰产林建设规划和全国林纸一体化专项规划的总体要求，并且必须符合土地、生态、水土保持和环境保护等相关规定。

第十五条　鼓励发展商品木浆项目。依靠国内市场供应木材原料的制浆项目必须同时规划建设造纸林基地或者先行核准其中的造纸原料林基地建设项目。不得以未经核准的林纸一体化项目的名义单独建设或圈占造纸林基地。承诺依靠国外市场供应木材原料的制浆项目要严格履行承诺。

第十六条　支持国内有条件的企业到国外建设造纸林基地和制浆造纸项目。

第十七条　加大国内废纸回收，提高国内废纸回收率和废纸利用率，合理利用进口废纸。尽快制定废纸回收分类标准，鼓励地方制定废纸回收管理办法，培育大型废纸经营企业，建立废纸回收交易市场，规范废纸回收行为。到2010年，使我国国内废纸回收率由目前的31%提高至34%，国内废纸利用率由32%提高至38%。

第十八条　坚持因地制宜，合理利用非木纤维资源。充分利用竹类、甘蔗渣和芦苇等资源制浆造纸，严格控制禾草浆生产总量，加快对现有禾草浆生产企业的整合，原则上不再新建禾草化学浆生产项目。

第十九条　限制木片、木浆和非木浆出口，在取消出口退税的基础上加征出口关税。

第四章　技术与装备

第二十条　坚持引进技术和自主研发相结合的原则。跟踪研究国际前沿技术，发展具有自主知识产权的先进适用技术和装备。鼓励原始创新、集成创新、引进消化吸收再创新。建立国家造纸工程研究中心和国家认定造纸企业技术中心，支持重点科研机构、设计单位、造纸企业、装备制造企业联合开展技术开发和研制，支持行业关键、共性技术成果服务平台与信息网络建设。组织实施重大装备本地化项目，提高技术与装备制造水平。

第二十一条　制浆造纸装备研发的重点为：年产 30 万吨及以上的纸板机成套技术和设备；幅宽 6 米左右、车速每分钟 1200 米、年产 10 万吨及以上文化纸机；幅宽 2.5 米、车速每分钟 600 米以上的卫生纸机成套技术和设备；年产 10 万吨高得率、低能耗的化学机械木浆成套技术及设备；年产 10 万吨及以上废纸浆成套技术和设备；非木材原料制浆造纸新工艺、新技术和新设备的开发与研究，特别是草浆碱回收技术和设备的开发；以及节水、节能技术和设备。要在现有基础上，加大自主创新力度，尽快形成自主知识产权，实现成套装备国产化。

第二十二条　造纸产业技术应向高水平、低消耗、少污染的方向发展。鼓励发展应用高得率制浆技术，生物技术，低污染制浆技术，中浓技术，无元素氯或全无氯漂白技术，低能耗机械制浆技术，高效废纸脱墨技术等以及相应的装备。

优先发展应用低定量、高填料造纸技术，涂布加工技术，中性造纸技术，水封闭循环技术，化学品应用技术以及宽幅、高速造纸技术，高效废水处理和固体废物回收处理技术。

第二十三条　淘汰年产 3.4 万吨及以下化学草浆生产装置、蒸球等制浆生产技术与装备，以及窄幅宽、低车速的高消耗、低水平造纸机。禁止采用石灰法制浆，禁止新上项目采用元素氯漂白工艺（现有企业应逐步淘汰）。禁止进口淘汰落后的二手制浆造纸设备。

第二十四条　调整制浆造纸装备制造企业结构，培育大型制浆造纸装备制造集团或联合体，建立研究、开发、设计、制造、集成平台，提高成套装备研发和集成能力，鼓励国外设备制造商采用先进技术与国内制浆造纸装备制造企业合资合作，促进装备国产化。

第五章　产品结构

第二十五条　适应市场需求，形成多样化的纸及纸板产品结构。整合现有资源，对消耗高、质量差的低档产品，加快升级换代步伐。

第二十六条　研究开发低定量、功能化纸及纸板新产品，重点开发低定量纸及纸板、含机械浆的印刷书写纸、液体包装纸板、食品包装专用纸、低克重高强度的瓦楞原纸及纸板等产品，积极研发信息用纸、国防及通讯特种用纸、农业及医疗特种用纸等，增加造纸品种。

第二十七条　适时修订《环境标志产品技术要求－再生纸制品》，鼓励造纸企业扩大利用废纸生产新闻纸、印刷书写用纸、办公用纸、包装纸板等再生纸产品。

第二十八条　鼓励企业加大品牌创新力度，实施名牌战略。

第六章　组织结构

第二十九条　建立现代企业制度，完善产业组织形式，改变制浆造纸企业数量多、规模小、布局分散的局面，形成大型企业突出、中小企业比例合理的产业组织结构。

第三十条　支持国内企业通过兼并、联合、重组和扩建等形式，发展 10 家左右 100 万吨至 300 万吨具有先进水平的制浆造纸企业，发展若干家年产 300 万吨以上跨地区、跨部门、跨所有制的、具有国际竞争力的大型制浆造纸企业集团。

第三十一条　在新建大型木浆生产企业的同时，加快整合现有木浆生产企业，关停规模小、技术落后的木浆生产企业。鼓励发展若干大中型商品木浆生产企业或企业集团；充分利用竹子资源，支持发展一批年产 10 万吨以上的竹浆生产企业；改变小型废纸浆造纸企业数量过多的现状，促进中小型废纸浆造纸企业扩大规模，提高集中度；原则上不再兴建化学草浆生产企业。

第三十二条　中小型造纸企业要向"专、精、特、新"方向发展，淘汰产品质量差、资源消耗高、环境污染重的小企业，减少小企业数量。

第三十三条　企业组织结构调整，坚持股权多元化，防止恶意并购，避免行业垄断。

第三十四条　努力提高产业集中度水平，到 2010 年，排名前 30 名的制浆造纸企业纸及纸板产量之和占总产量的比重由目前的 32% 提高至 40%。

第七章　资源节约

第三十五条　贯彻执行国务院《关于加快发展循环经济的若干意见》，按照减量化、再利用、资源化的原则，提高水资源、能源、土地和木材等使用效率，转变增长方式，建设资源节约型造纸产业。

第三十六条　增强全行业节水意识，大力开发和推广应用节水新技术、新工艺、新设备，提高水的重复利用率。在严格执行《造纸产品取水定额》的基础上，逐步减少单位产品水资源消耗。新建项目单位产品取水量在执行取水定额"A"级的基础上减少 20% 以上，目前执行"B"级取水定额的企业 2010 年底按"A"级执行。

第三十七条　严格执行《水法》《取水许可和资源费征收管理条例》和《取水许可制度实施办法》等有关法律法规的规定，实行取水许可制度和水资源有偿使用制度，全面推行总量控制和定额管理，加强水资源的合理开发、节约和保护。

第三十八条　鼓励企业采用先进节能技术，改造、淘汰能耗高的技术与装备，充分发挥制浆造纸适宜热电联产的有利条件，提高能源综合利用效率。

第三十九条　执行最严格的土地管理制度，节约集约使用土地。严格执行《水土保持法》有关规定，防止水土流失。

第八章　环境保护

第四十条　严格执行《环境保护法》《水污染防治法》《环境影响评价法》《清洁生产促进法》等法律法规，坚持预防为主、综合治理的方针，增强造纸行业的环境保护意识和造纸企业的社会责任感，健全环境监管机制，加大环境保护执法力度，完善污染治理措施，适时修订《造纸产业水污染物排放标准》，严格控制污染物排放，建设环境友好型造纸产业。

第四十一条　大力推进清洁生产工艺技术，实行清洁生产审核制度。新建制浆造纸项目必须从源头防止和减少污染物产生，消除或减少厂外治理。现有企业要通过技术改造逐步实现清洁生产。要以水污染治理为重点，采用封闭循环用水、白水回用、中段废水处理及回收、废气焚烧回收热能、废渣燃料化处理等"厂内"环境保护技术与手段，加大废水、废气和废渣的综合治理力度。要采用先进成熟废水多级生化处理技术、烟气多电场静电除尘技术、废渣资源化处理技术，减少"三废"的排放。

第四十二条　制浆造纸废水排放要实行许可证管理，严格执行国家和地方排放标准及污染物总量控制指标。全面建设废水排放在线监测体系，定期公布企业废水排放情况。制定激励政策，鼓励达标企业加大技术改造和工艺改进力度，进一步减少水污染物排放。依法责令未达标企业停产整治，整改后仍不达标或超总量指标的企业要依法关停。

第四十三条　实行环境指标公告和企业环保信息公开制度，鼓励公众参与并监督企业环境保护行为，积极推行环境认证、环境标识和环境保护绩效考核制度，严格实行环境执法责任制度和责任追究制度。

第四十四条　造纸林基地建设要注重生态保护，加强环境影响评价工作，遵循林业分类经营原则，应用高新技术手段，科学造林，保护生物多样性，严禁毁林造林，防止水土流失。

第九章　行业准入

第四十五条　进入造纸产业的国内外投资主体必须具备技术水平高、资金实力强、管理经验丰富、信誉度高的条件。企业资产负债率在70%以内，银行信用等级AA级以上。

第四十六条　制浆造纸重点发展和调整省区应编制造纸产业中长期发展规划，其内容必须符合国家造纸产业发展政策的总体要求，并报国家投资主管部门备案。大型制浆造纸企业集团应根据国家造纸产业发展政策编制企业中长期发展规划，并报国家投资主管部门备案。

第四十七条　造纸产业发展要实现规模经济，突出起始规模。新建、扩建制浆项目单条生产线起始规模要求达到：化学木浆年产30万吨、化学机械木浆年产10万吨、化学竹浆年产10万吨、非木浆年产5万吨；新建、扩建造纸项目单条生产线起始规模要求达到：新闻纸年产30万吨、文化用纸年产10万吨、箱纸板和白纸板年产30万吨、其他纸板项目年产10万吨。薄页纸、特种纸及纸板项目以及现有生产线的改造不受规模准入条件限制。

第四十八条　单一企业（集团）单一纸种国内市场占有率超过35%，不得再申请核准或备案该纸种建设项目；单一企业（集团）纸及纸板总生产能力超过当年国内市场消费总量的20%，不得再申请核准或备案制浆造纸项目。

第四十九条　新建项目吨产品在COD排放量、取水量和综合能耗（标煤）等方面要达到先进水平。其中漂白化学木浆为10千克、45立方米和500千克；漂白化学竹浆为15千克、60立方米和600千克；化学机械木浆为9千克、30立方米和1100千克；新闻纸为4千克、20立方米和630千克；印刷书写纸为4千克、30立方米和680千克。

第十章　投资融资

第五十条　严格执行国务院《关于投资体制改革的决定》及相关的管理办法、《促进产业结构调整暂行规定》及指导目录、《指导外商投资方向规定》及指导目录。

第五十一条　严格执行项目法人制度、资本金制度和招投标制度。内资项目资本金依照《国务院关于固定资产投资项目试行资本金制度的通知》执行；外资项目注册资金依照《国家工商行政管理局关于中外合资经营企业注册资本与投资总额比例的暂行规定》执行。

第五十二条　鼓励国内企业兼并、收购和重组国内制浆造纸企业和装备制造企业。外商投资企业发生上述行为应按照国家有关外商投资的法律法规及规章的规定办理。

第五十三条　加大投资监管，对违规审批、自行审批、拆分审批、擅自更改批复或备案内容等行为，撤销项目法人投资项目的资格，并追究相关当事人的行政责任。

第五十四条　支持具备条件的制浆造纸企业通过公开发行股票和发行企业债券等方式筹集资金。国内金融机构特别是政策性银行应优先给予国内大型骨干制浆造纸企业建设项目融资支持。对违规项目，金融机构不得提供贷款。

第十一章　纸品消费

第五十五条　按照建设节约型社会的要求，造纸产业在发展的同时，应积极倡导纸及纸板产品的合理消费，在全社会建立节约用纸的意识。

第五十六条　适时修订造纸产品标准，改变目前社会过度追求高白度等指标的纸产品消费倾向，以节约资源，减少污染，引导理性、绿色消费。

第五十七条　政府采购根据实际用途，在满足基本需求的前提下，要优先采购使用掺有一定比例废纸生产的纸产品；积极推进办公自动化，减少办公环节纸制品的消耗。

第五十八条　新闻出版业在保证健康发展的同时，要合理控制报刊、期刊的发行规模；积极发展以数字化内容、数字化生产和网络化为主要特征的新媒体；严格执行国家技术标准，控制课本用纸克重；鼓励一般图书和期刊的出版降低用纸克重。

第五十九条　倡导节约型模式，实现包装材料和制品的轻量化和减量化生产。在包装制品的设计和生产过程中，鼓励利用掺有废纸的纸及纸板生产包装制品；对于运输包装用纸箱，要发展"低克重、高强度"的瓦楞原纸和纸板；对于销售包装用纸箱和纸盒，降低包装成本，倡导适度包装，避免过度包装。

第六十条　适度加大国内市场需求的纸及纸板进口量，缓解国内造纸原料过度依赖国际市场的局面。

第十二章　其他

第六十一条　维护国内公平市场秩序，建立造纸产品进出口预警机制，避免贸易纠纷。

第六十二条　加强人才队伍建设，支持企业培养和吸引科技创新人才以及高级管理人才，全面提高企业职工素质。

第六十三条　充分发挥行业协会等中介机构作为政府与企业的桥梁作用，加强产业发展问题的分析与研究，反映产业发展情况，提出产业发展建议。

第六十四条　本产业政策涉及相关的法律、法规、政策、标准等如有修订，按修订后的规定执行。

第六十五条　本产业政策自发布之日起实施，由国家发展改革委负责解释。

附录 D　取水定额　第 5 部分：造纸产品

1　范围

GB/T 18916 的本部分规定了造纸产品取水定额的属于和定义、计算方法及取水量定额等。

本部分适用于现有和新建造纸企业取水量的管理。

2　规范性引用文件

下列文件对于本文件的应用是必不可少的。凡是注日期的引用文件，仅注日期的版本适用于本文件。凡是不注日期的应用文件，其最新版本（包括所有的修改单）适用于本文件。

GB/T 4687 纸、纸板、纸浆及相关术语

GB/T 12452 企业水平衡测试通则

GB/T 18820 工业企业产品取水定额编制通则

GB/T 21534 工业用水节水　术语

GB/T 24789 用水单位水计量器具配备和管理通则

3　术语和定义

GB/T 4687、GB/T 18820 和 GN/T 21534 界定的术语和定义适用于本文件。

4　计算方法

4.1　一般规定

4.1.1　取水量范围

取水量范围是指企业从各种常规水资源提取的水量，包括取自地表水（以净水厂供水计量）、地下水、城镇供水工程，以及企业从市场购得的其他或水的产品（如蒸汽、热水、地热水等）的水量。

4.1.2　造纸产品主要生产的取水统计范围

以木材、竹子、非木类（麦草、芦苇、甘蔗渣）等为原料生产本色、漂白化学浆，以木材为原料生产化学机械木浆，以废纸为原料生产脱墨或未脱墨废纸浆，其生产取水量是指从原料准备至成品浆（液态或风干）的生产全过程所取用的水量。化学浆生产过程取水量还包括碱回收、制浆化学品药液制备、黑（红）液副产品（黏合剂）生产在内的取水量。

以自制浆或商品浆为原料生产纸及纸板，其生产取水量是指从浆料预处理、打浆、抄纸、完成以及涂料、辅料制备等生产全过程的取水量。

注：造纸产品的取水量等于从自备水源总取水量中扣除给水净化站自用水及由该水源供给的居住区、基建、自备电站用于发电的取水量及其他取水量等。

4.1.3　各种水量的计算

取水量、外购水量、外供水量以企业的一级计量表计量为准。

4.2　单位造纸产品取水量

单位造纸产品取水量按式（1）计算：

$$V_{ui} = \frac{V_i}{Q}$$ ……………………………………………………… (1)

式中：

V_{ui}—单位造纸产品取水量，单位为立方米每吨（m³/t）；

Q—在一定的计量时间内，造纸产品产量，单位为吨（t）；

V_i—在一定的计量时间内，生产过程中常规水资源的取水量总和，单位为立方米（m³）。

5　取水定额

5.1　现有企业取水定额

现有造纸企业单位产品取水量定额指标见表 D-1。

表 D-1　现有造纸企业单位产品取水量定额指标

产品名称		单位造纸产品取水量/（m³/t）
纸浆	漂白化学木（竹）浆	90
	本色化学木（竹）浆	60
	漂白化学非木（麦草、芦苇、甘蔗渣）浆	130
	脱墨废纸浆	30
	未脱墨废纸浆	20
	化学机械木浆	35
纸	新闻纸	20
	印刷书写纸	35
	生活用纸	30
	包装用纸	25
纸板	白纸板	30
	箱纸板	25
	瓦楞原纸	25

注1：高得率半化学本色木浆及半化学草浆按本色化学木浆执行；机械木浆按化学机械木浆执行。

注2：经抄浆机生产浆板时，允许在本定额的基础上增加 10 m³/t。

注3：生产漂白脱墨废纸浆时，允许在本定额的基础上增加 10 m³/t。

注4：生产涂布类纸及纸板时，允许在本定额的基础上增加 10 m³/t。

注5：纸浆的计量单位为吨风干浆（含水 10%）。

注6：纸浆、纸、纸板的取水量定额指标分别计。

注7：本部分不包括特殊浆种、薄页纸及特种纸的取水量。

5.2 新建企业取水定额

新建造纸企单位产品取水量定额指标见表 D-2。

表 D-2 新建造纸企业单位产品取水量定额指标

产品名称		单位造纸产品取水量/（m^3/t)
纸浆	漂白化学木（竹）浆	70
	本色化学木（竹）浆	50
	漂白化学非木（麦草、芦苇、甘蔗渣）浆	100
	脱墨废纸浆	25
	未脱墨废纸浆	20
	化学机械木浆	30
纸	新闻纸	16
	印刷书写纸	30
	生活用纸	30
	包装用纸	20
纸板	白纸板	30
	箱纸板	22
	瓦楞原纸	20

注 1：高得率半化学本色木浆及半化学草浆按本色化学木浆执行；机械木浆按化学机械木浆执行。

注 2：经抄浆机生产浆板时，允许在本定额的基础上增加 10 m^3/t。

注 3：生产漂白脱墨废纸浆时，允许在本定额的基础上增加 10 m^3/t。

注 4：生产涂布类纸及纸板时，允许在本定额的基础上增加 10 m^3/t。

注 5：纸浆的计量单位为吨风干浆（含水 10%）。

注 6：纸浆、纸、纸板的取水量定额指标分别计。

注 7：本部分不包括特殊浆种、薄页纸及特种纸的取水量。

6 定额使用说明

6.1 取水定额指标为最高允许值，在实际运用中取水量不大于定额指标值。

6.2 造纸企业用水计量器具配置和管理应符合 GB 24789 的要求。

6.3 取水定额管理中，企业水平衡测试应符合 GB/T 12452 的要求。

6.4 本定额未考虑工艺过程中采用直流冷却水的取水指标。

6.5 本定额中产品名称是通称，其包括内容如下：

a）化学机械木浆包括化学热磨机械浆（chemi-thermomechanical pulp，简称 CTMP）、

漂白化学热磨机械浆（bleached chemi‐thermomechanical pulp，简称 BCTMP）和碱性过氧化氢机械浆（alkaline peroxide mechanical pulp，简称 APMP）等。

　　b）印刷书写纸包括书刊印刷纸、书写纸、涂布纸等。

　　c）生活用纸包括卫生纸品，如卫生纸、面巾纸、手帕纸、餐巾纸、妇女卫生巾、婴儿尿裤等。

　　d）包装用纸包括水泥袋纸、牛皮纸、书皮纸等。

　　e）白板纸包括涂布或未涂布白纸板、白卡纸、液体包装纸等。

　　f）箱纸板包括普通箱纸板、牛皮挂面箱纸板、牛皮箱纸板等。

　　6.6　其他未列明的纸浆、纸及纸板产品的取水量可相应参照定额执行。

附录 E 制浆造纸工业水污染物排放标准

前言

为贯彻《中华人民共和国环境保护法》《中华人民共和国水污染防治法》《中华人民共和国海洋环境保护法》《国务院关于落实科学发展观加强环境保护的决定》等法律、法规和《国务院关于编制全国主体功能区规划的意见》，保护环境，防治污染，促进制浆造纸工业生产工艺和污染治理技术的进步，制定本标准。

本标准规定了制浆造纸工业企业水污染物排放限值、监测和监控要求。为促进区域经济与环境协调发展，推动经济结构的调整和经济增长方式的转变，引导工业生产工艺和污染治理技术的发展方向，本标准规定了水污染物特别排放限值。

制浆造纸工业企业排放大气污染物（含恶臭污染物）、环境噪声适用相应的国家污染物排放标准，产生固体废物的鉴别、处理和处置适用国家固体废物污染控制标准。

本标准首次发布于 1983 年，1992 年第一次修订，2001 年第二次修订。

此次修订主要内容：

1. 根据落实国家环境保护规划、履行国际公约和环境保护管理和执法工作的需要，调整了排放标准体系，增加了控制排放的污染物项目，提高了污染物排放控制要求；

2. 规定了污染物排放监控要求和水污染物排放基准排水量；

3. 将可吸附有机卤素指标调整为强制执行项目。

自本标准实施之日起，《造纸工业水污染物排放标准》（GB3544—2001）、《关于修订〈造纸工业水污染物排放标准〉的公告》（环发〔2003〕152 号）废止。

本标准由环境保护部科技标准司组织制订。

本标准由山东省环境保护局、山东省环境规划研究院、环境保护部环境标准研究所、山东省环境保护科学研究设计院等单位起草。

本标准环境保护部 2008 年 4 月 29 日批准。

本标准自 2008 年 8 月 1 日起实施。

本标准由环境保护部解释。

1 适用范围

本标准规定了制浆造纸企业或生产设施水污染物排放限值。

本标准适用于现有制浆造纸企业或生产设施的水污染物排放管理。

本标准适用于对制浆造纸工业建设项目的环境影响评价、环境保护设施设计、竣工环境保护验收及其投产后的水污染物排放管理。

本标准适用于法律允许的污染物排放行为。新设立污染源的选址和特殊保护区域内现有污染源的管理，按照《中华人民共和国大气污染防治法》《中华人民共和国水污染防治法》《中华人民共和国海洋环境保护法》《中华人民共和国固体废物污染环境防治法》《中华人民共和国放射性污染防治法》《中华人民共和国环境影响评价法》等法律、法规、规章的相关规定执行。

本标准规定的水污染物排放控制要求适用于企业向环境水体的排放行为。

企业向设置污水处理厂的城镇排水系统排放废水时，有毒污染物可吸附有机卤化物（AOX）、二噁英在本标准规定的监控位置执行相应的排放限值；其他污染物的排放控制要求由企业与城镇污水处理厂根据其污水处理能力商定或执行相关标准，并报当地环境保护主管部门备案；城镇污水处理厂应保证排放污染物达到相关排放标准要求。

建设项目拟向设置污水处理厂的城镇排水系统排放废水时，由建设单位和城镇污水处理厂按前款的规定执行。

2　规范性引用文件

本标准内容引用了下列文件或其中的条款。

GB/T 6920—1986　水质 pH 值的测定　玻璃电极法

GB/T 7478—1987　水质　铵的测定　蒸馏和滴定法

GB/T 7479—1987　水质　铵的测定　纳氏试剂比色法

GB/T 7481—1987　水质　铵的测定　水杨酸分光光度法

GB/T 7488—1987　水质　五日生化需氧量（BOD_5）的测定　稀释与接种法

GB/T 11893—1989　水质　总磷的测定　钼酸铵分光光度法

GB/T 11894—1989　水质　总氮的测定　碱性过硫酸钾消解紫外分光光度法

GB/T 11901—1989　水质　悬浮物的测定　重量法

GB/T 11903—1989　水质　色度的测定　稀释倍数法

GB/T 11914—1989　水质　化学需氧量的测定　重铬酸盐法

GB/T 15959—1995　水质　可吸附有机卤化物（AOX）的测定　微库仑法

HJ/T 77—2001　水质　多氯代二苯并二噁英和多氯代二苯并呋喃的测定　同位素稀释高分辨毛细管气相色谱/高分辨质谱法

HJ/T 83—2001　水质　可吸附有机卤化物（AOX）的测定　离子色谱法

HJ/T 195—2005　水质　氨氮的测定　气相分子吸收光谱法

HJ/T 199—2005　水质　总氮的测定　气相分子吸收光谱法

《污染源自动监控管理办法》（国家环境保护总局令第 28 号）

《环境监测管理办法》（国家环境保护总局令第 39 号）

3　术语和定义

下列术语和定义适用于本标准。

3.1　制浆造纸企业

指以植物（木材、其他植物）或废纸等为原料生产纸浆及（或）以纸浆为原料生产纸张、纸板等产品的企业或生产设施。

3.2 现有企业

指本标准实施之日前已建成投产或环境影响评价文件已通过审批的制浆造纸企业。

3.3 新建企业

指本标准实施之日起环境影响文件通过审批的新建、改建和扩建制浆造纸建设项目。

3.4 制浆企业

指单纯进行制浆生产的企业，以及纸浆产量大于纸张产量，且销售纸浆量占总制浆量80%及以上的制浆造纸企业。

3.5 造纸企业

指单纯进行造纸生产的企业，以及自产纸浆量占纸浆总用量20%及以下的制浆造纸企业。

3.6 制浆和造纸联合生产企业

指除制浆企业和造纸企业以外、同时进行制浆和造纸生产的制浆造纸企业。

3.7 废纸制浆和造纸企业

指自产废纸浆量占纸浆总用量80%及以上的制浆造纸企业。

3.8 排水量

指生产设施或企业向企业法定边界以外排放的废水的量，包括与生产有直接或间接关系的各种外排废水（如厂区生活污水、冷却废水、厂区锅炉和电站排水等）。

3.9 单位产品基准排水量

指用于核定水污染物排放浓度而规定的生产单位纸浆、纸张（板）产品的废水排放上限值。

4 水污染物排放控制要求

4.1 自2009年5月1日起至2011年6月30日现有制浆造纸企业执行表E-1规定的水污染物排放限值。

表 E-1 现有企业水污染物排放限值

企业生产类型		制浆企业	制浆和造纸联合生产企业		造纸企业	污染物排放监控位置
			废纸制浆和造纸企业	其他制浆和造纸企业		
排放限值	1	pH 值	6~9	6~9	6~9	6~9	企业废水总排放口
	2	色度（稀释倍数）	80	50	50	50	企业废水总排放口
	3	悬浮物（mg/L）	70	50	50	50	企业废水总排放口
	4	五日生化需氧量（BOD_5，mg/L）	50	30	30	300	企业废水总排放口
	5	化学需氧量（COD_{Cr}，mg/L）	200	120	150	100	企业废水总排放口
	6	氨氮（mg/L）	15	10	10	10	企业废水总排放口
	7	总氮（mg/L）	18	15	15	15	企业废水总排放口
	8	总磷（mg/L）	1.0	1.0	1.0	1.0	企业废水总排放口
	9	可吸附有机卤化物（AOX，mg/L）	15	15	15	15	车间或生产设施废水排放口
单位产品基准排水量，吨/吨（浆）		80	20	60	60	排水量计量位置与污染物排放监控位置一致

说明：

1. 可吸附有机卤化物（AOX）指标适用于采用含氯漂白工艺的情况。

2. 纸浆量以绝干浆计。

3. 核定制浆和造纸联合生产企业单位产品实际排水量，以企业纸浆产量与外购商品浆数量的总和为依据。

4. 企业漂白非木浆产量占企业纸浆总用量的比重大于60%的，单位产品基准排水量为80吨/吨（浆）。

4.2 自 2011 年 7 月 1 日起，现有制浆造纸企业执行表 E-2 规定的水污染物排放限值。

4.3 自 2008 年 8 月 1 日起，新建制浆造纸企业执行表 E-2 规定的水污染物排放限值。

表 E-2 新建企业水污染物排放限值

企业生产类型			制浆企业	制浆和造纸联合生产企业	造纸企业	污染物排放监控位置
排放限值	1	pH 值	6~9	6~9	6~9	企业废水总排放口
	2	色度（稀释倍数）	50	50	50	企业废水总排放口
	3	悬浮物（mg/L）	50	30	30	企业废水总排放口
	4	五日生化需氧量（BOD_5，mg/L）	20	20	20	企业废水总排放口
	5	化学需氧量（COD_{Cr}，mg/L）	100	90	80	企业废水总排放口
	6	氨氮（mg/L）	12	8	8	企业废水总排放口
	7	总氮（mg/L）	15	12	12	企业废水总排放口
	8	总磷（mg/L）	0.8	0.8	0.8	企业废水总排放口
	9	可吸附有机卤化物（AOX，mg/L）	12	12	12	车间或生产设施废水排放口
	10	二噁英（pgTEQ/L）	30	30	30	车间或生产设施废水排放口
单位产品基准排水量，吨/吨（浆）			50	40	20	排水量计量位置与污染物排放监控位置一致

说明：
1. 可吸附有机卤化物（AOX）和二噁英指标适用于采用含氯漂白工艺的情况。
2. 纸浆量以绝干浆计。
3. 核定制浆和造纸联合生产企业单位产品实际排水量，以企业纸浆产量与外购商品浆数量的总和为依据。
4. 企业自产废纸浆量占企业纸浆总用量的比重大于80%的，单位产品基准排水量为20吨/吨（浆）。
5. 企业漂白非木浆产量占企业纸浆总用量的比重大于60%的，单位产品基准排水量为60吨/吨（浆）。

　　4.4　根据环境保护工作的要求，在国土开发密度较高、环境承载能力开始减弱，或水环境容量较小、生态环境脆弱，容易发生严重水环境污染问题而需要采取特别保护措施的地区，应严格控制企业的污染物排放行为，在上述地区的企业执行表 E-3 规定的水污染物特别排放限值。

　　执行水污染物特别排放限值的地域范围、时间，由国务院环境保护行政主管部门或省级人民政府规定。

表 E-3　水污染物特别排放限值

企业生产类型		制浆企业	制浆和造纸联合生产企业	造纸企业	污染物排放监控位置
排放限值	1　pH 值	6~9	6~9	6~9	企业废水总排放口
	2　色度（稀释倍数）	50	50	50	企业废水总排放口
	3　悬浮物（mg/L）	20	10	10	企业废水总排放口
	4　五日生化需氧量（BOD_5，mg/L）	10	10	10	企业废水总排放口
	5　化学需氧量（COD_{Cr}，mg/L）	80	60	50	企业废水总排放口
	6　氨氮（mg/L）	5	5	5	企业废水总排放口
	7　总氮（mg/L）	10	10	10	企业废水总排放口
	8　总磷（mg/L）	0.5	0.5	0.5	企业废水总排放口
	9　可吸附有机卤化物（AOX，mg/L）	8	8	8	车间或生产设施废水排放口
	10　二噁英（pgTEQ/L）	30	30	30	车间或生产设施废水排放口
单位产品基准排水量，吨/吨（浆）		30	25	10	排水量计量位置与污染物排放监控位置一致

说明：
1. 可吸附有机卤化物（AOX）和二噁英指标适用于采用含氯漂白工艺的情况。
2. 纸浆量以绝干浆计。
3. 核定制浆和造纸联合生产企业单位产品实际排水量，以企业纸浆产量与外购商品浆数量的总和为依据。
4. 企业自产废纸浆量占企业纸浆总用量的比重大于 80% 的，单位产品基准排水量为 15 吨/吨（浆）。

4.5　水污染物排放浓度限值适用于单位产品实际排水量不高于单位产品基准排水量的情况。若单位产品实际排水量超过单位产品基准排水量，须按公式（1）将实测水污染物浓度换算为水污染物基准水量排放浓度，并以水污染物基准水量排放浓度作为判定排放是否达标的依据。产品产量和排水量统计周期为一个工作日。

在企业的生产设施同时生产两种以上产品、可适用不同排放控制要求或不同行业国家污染物排放标准，且生产设施产生的污水混合处理排放的情况下，应执行排放标准中规定的最严格的浓度限值，并按公式（1）换算水污染物基准水量排放浓度：

在企业的生产设施同时生产两种以上产品、可适用不同排放控制要求或不同行业国家污染物排放标准，且生产设施产生的污水混合处理排放的情况下，应执行排放标准中规定的最严格的浓度限值，并按公式（1）换算水污染物基准水量排放浓度：

$$C_{基} = \frac{Q_{总}}{\sum Y_i Q_{i基}} \times C_{实} \qquad (1)$$

式中：

$C_{基}$—水污染物基准水量排放浓度，mg/L；

$Q_{总}$—排水总量，吨；

Y_i—第 i 种产品产量，吨；

$Q_{i基}$—第 i 种产品的单位产品基准排水量，吨/吨；

$C_{实}$—实测水污染物浓度，mg/L。

若 $Q_{总}$ 与 $\sum Y_i Q_{i基}$ 的比值小于 1，则以水污染物实测浓度作为判定排放是否达标的依据。

5 水污染物监测要求

5.1 对企业排放废水采样应根据监测污染物的种类，在规定的污染物排放监控位置进行，有废水处理设施的，应在该设施后监控。在污染物排放监控位置须设置永久性排污口标志。

5.2 新建企业应按照《污染源自动监控管理办法》的规定，安装污染物排放自动监控设备，并与环境保护主管部门的监控设备联网，并保证设备正常运行。各地现有企业安装污染物排放自动监控设备的要求由省级环境保护行政主管部门规定。

5.3 对企业污染物排放情况进行监测的频次、采样时间等要求，按国家有关污染源监测技术规范的规定执行。

二噁英指标每年监测一次。

5.4 企业产品产量的核定，以法定报表为依据。

5.5 对企业排放水污染物浓度的测定采用表 E-4 所列的方法标准。

表 E-4 水污染物浓度测定方法标准

序号	污染物项目	方法标准名称	方法标准编号
1	pH 值	水质 pH 值的测定玻璃电极法	GB/T 6920—1986
2	色度	水质色度的测定稀释倍数法	GB/T 11903—1989
3	悬浮物	水质悬浮物的测定重量法	GB/T 11901—1989
4	五日生化好氧量	水质五日生化需氧量（BOD_5）的测定稀释与接种法	GB/T 7488—1987
5	化学需氧量	水质化学需氧量的测定重铬酸盐法	GB/T 11914—1989

序号	污染物项目	方法标准名称	方法标准编号
6	氨氮	水质　铵的测定　蒸馏和滴定法	GB/T 7478—1987
		水质　铵的测定　纳氏试剂比色法	GB/T 7479—1987
		水质　铵的测定　水杨酸分光光度法	GB/T 7481—1987
		水质　氨氮的测定　气相分子吸收光谱法	HJ/T 195—2005
7	总氮	水质　总氮的测定　碱性过硫酸钾消解紫外分光光度法	GB/T 11894—1989
		水质　总氮的测定　气相分子吸收光谱法	HJ/T 199—2005
8	总磷	水质　总磷的测定　钼酸铵分光光度法	GB/T 11893—1989
9	可吸附有机卤化物（AOX）	水质　可吸附有机卤素（AOX）的测定　微库仑法	GB/T 15959—1995
10	二噁英	水质　多氯代二苯并二噁英和多氯代二苯并呋喃的测定　同位素稀释高分辨毛细管气相色谱/高分辨质谱法	HJ/T 77—2001

5.6　企业须按照有关法律和《环境监测管理办法》的规定，对排污状况进行监测，并保存原始监测记录。

6　实施与监督

6.1　本标准由县级以上人民政府环境保护行政主管部门负责监督实施。

6.2　在任何情况下，企业均应遵守本标准的水污染物排放控制要求，采取必要措施保证污染防治设施正常运行。各级环保部门在对企业进行监督性检查时，可以现场即时采样或监测的结果，作为判定排污行为是否符合排放标准以及实施相关环境保护管理措施的依据。在发现企业耗水或排水量有异常变化的情况下，应核定企业的实际产品产量和排水量，按本标准的规定，换算水污染物基准水量排放浓度。

附录 F　造纸行业排污许可证申请与核发技术规范（2016）

一、适用范围及排污单位基本情况

（一）适用范围

本技术规范适用于指导造纸行业排污单位填报《排污许可证申请表》及网上填报相关申请信息，同时适用于指导核发机关审核确定排污许可证许可要求。

造纸行业排污许可证发放范围为所有制浆企业、造纸企业、浆纸联合企业以及纳入排污许可证管理的纸制品企业。

造纸企业排放的水污染物、大气污染物均应实施排污许可管理。

造纸企业中，执行《火电厂大气污染物排放标准》（GB 13223）的生产设施或排放口，适用《火电行业排污许可证申请与核发技术规范》，其余均适用本技术规范。

排污许可分类管理名录出台后，造纸行业排污许可证发放范围从其规定。

（二）排污单位基本情况填报要求

排污单位基本情况包括：排污单位基本信息，主要产品及产能，主要原辅材料及燃料，产排污节点、污染物及污染治理设施，以及生产工艺流程图和厂区总平面布置图。

1. 排污单位基本信息

企业需填报的排污单位基本信息包括：单位名称、法人、生产经营场所经纬度、所在地是否属于大气污染重点控制区域、是否投产、环评及验收批复文件文号、地方政府对违规项目的认定或备案文件、总量分配文件文号等。对于同一法人拥有多个生产经营场所的情形，应分别申报。

按照《国务院办公厅关于加强环境监管执法的通知》（国办发〔2014〕56 号）要求，各地全面清理违法违规项目，经地方政府依法处理、整顿规范并符合要求的项目，纳入排污许可管理范围。对于不具备环评批复文件或地方政府对违规项目的认定或备案文件的造纸企业，原则上不得申报排污许可证。

2. 主要产品及产能

造纸企业应填写主要生产单元、主要工艺、生产设施、生产设施编号、设施参数、产品、生产能力、设计生产时间及其他。

在填报"主要产品及产能"时，需选择行业类别，除在填写执行《火电厂大气污染物排放标准》（GB 13223）的生产设施需选择火电行业外，其余均选择造纸行业。

（1）主要生产单元：为必填项，分为化学浆生产线、半化学浆生产线、化机浆生产线、机械浆生产线、废纸浆生产线、造纸生产线、公用单元等。（企业在填报时，应当在国家排污许可证管理信息平台申报系统的下拉菜单中选择并填写。对于选填内容或菜单中未包括的内容，可由地方环保部门决定是否填报，企业认为需要填报的，可以自行填报，下同）。

（2）主要工艺：为必填项，分为漂白/本色硫酸盐化学浆、漂白/本色亚硫酸盐化学浆、漂白/本色碱法化学浆、漂白/本色亚氨法制浆、漂白/本色过氧化氢化学浆、漂白/本色碱性过氧化氢化学机械浆（APMP）、漂白/本色化学热法机械木浆（BCTMP）、漂白/本色化学热磨机械浆（CTMP）、漂白/本色热磨机械浆（TMP）、漂白/本色半化学浆、漂白/本色废纸浆、溶解浆、造纸、加工纸、纸制品，公用单元分为化学品制备、碱回收车间、储存系统、锅炉、辅助系统等。

（3）生产设施

关于木浆及非木浆生产线，必填项包括：备料（湿法备料、干法备料、废纸挑选）、蒸煮（连续蒸煮器、立锅、蒸球、其他）、洗涤（置换洗浆机、真空洗浆机、压力洗浆机、带式洗浆机、螺旋挤浆机、其他）、筛选（全封闭压力筛选、压力筛选、其他）、氧脱木质素（无、一段、两段）、漂白（二氧化氯漂白、次氯酸盐漂白、氯气漂白、过氧化氢漂白、其他漂白系统）、机械磨浆（压力磨浆机、常压磨浆机、低浓磨浆机、其他磨浆机）、碱回收车间（碱回收炉、蒸发器、污冷凝水回收、石灰窑）、化学品制备（二氧化氯制备、次氯酸盐制备、其他）、制浆废液回收利用（红液回收、废液燃烧回收、黑液综合利用、亚氨法废液综合利用）。选填项包括机械浆预处理等生产设施。

关于废纸制浆生产线，必填项包括脱墨（一级浮选、二级浮选、一级洗涤、二级洗涤、其他）和漂白（过氧化氢、二氧化氯、臭氧、氯气、其他）；选填项包括碎浆、热分散、筛选等生产设施。

关于造纸生产线，必填项包括造纸（圆网造纸机、长网造纸机、超成型造纸机、叠网纸机、夹网纸机、斜网造纸机、其他）和白水回收（气浮、沉淀塔、多盘回收机、圆网浓缩机、其他）；选填项包括涂布、表面施胶、干燥等生产设施。

关于公用单元，必填项包括燃烧炉（锅炉、生物质炉、焚烧炉）、储存系统（原料堆场、煤场、筒仓、油罐、气罐、化学品库）、锅炉（循环流化床锅炉、煤粉锅炉、燃油锅炉、燃气锅炉、凝汽式汽轮机、抽凝式汽轮机、背压式汽轮机、抽背式汽轮机）、辅助系统（灰库、渣仓、渣场、灰渣场、石膏库房、氨水罐、液氨罐、石灰石粉仓、污泥储存间）；选填项包括供水处理系统（清水制备系统、软化水制备设备、其他）和锅炉及发电系统中省煤器、空气预热器、一次风机、送风机、二次风机等。

本技术规范尚未作出规定，且排放工业废气和有毒有害大气污染物，有明确国家和地方排放标准的，相应生产设施为必填项。

（4）排污许可证申请表中的生产设施编号：为必填项。企业填报内部生产设施编号，若企业无内部生产设施编号，则根据《固定污染源（水、大气）编码规则（试行）》进行编号并填报。

（5）设施参数：分为参数名称、设计值、计量单位等，对于公用单元的燃烧炉、储存系统、辅助系统为必填项，生产过程中蒸煮工艺填写粗浆得率、漂白工艺填写漂白浓度、碱回收单元的蒸发填写黑液提取率、机械磨浆填写磨浆浓度、白水回收系统填写白水循环利用率、造纸机填写抄宽、车速，均为设计值，其他为选填项。

（6）产品名称：为必填项，分为浆板、新闻纸、生活用纸、包装用纸、箱纸板、瓦楞原纸、特种纸、纸制品等。

（7）生产能力及计量单位：为必填项，生产能力为主要产品设计产能，并标明计量单位。产能与经过环境影响评价批复的产能不相符的，应说明原因。

（8）设计年生产时间：为必填项。

（9）其他：为选填项，企业如有需要说明的内容，可填写。

3. 主要原辅材料及燃料

造纸企业应填写原料、辅料及燃料名称、年最大使用量等。

（1）种类：为必填项，分为原料、辅料。

（2）原料名称：为必填项，分为针叶木、阔叶木、竹类、麦草、芦苇、甘蔗渣、废纸、商品浆、水等。

（3）辅料名称：包括工艺过程中添加辅料和废水、废气污染治理过程中添加的化学品，分为氢氧化钠（烧碱）、硫化钠、双氧水、臭氧、二氧化氯、液氯、液氨、氨水、石灰石、石灰、填料、增白剂、硫酸、盐酸、混凝剂、助凝剂等。必填项为废水、废气污染治理过程中添加的化学品，制浆过程中蒸煮、漂白工艺添加的化学品和造纸过程中添加的填料为必填项，其余为选填项。

（4）燃料名称：为必填项，分为燃煤（灰分、硫分、挥发分、热值等）、天然气、重油等。

（5）年最大使用量：为必填项。已投运排污单位的年最大使用量按近五年实际使用的最大值填写，未投运排污单位的年最大使用量按设计使用量填写。

（6）有毒有害元素占比、硫元素占比及其他：为选填项。

4. 产排污节点、污染物及污染治理设施

该部分包括废气和废水两部分。废气部分应填写生产设施对应的产污节点、污染物种类、排放形式（有组织、无组织）、污染治理设施、是否为可行技术、排放口编号及类型。废水部分应填写废水类别、污染物种类、排放去向、污染治理设施、是否为可行技术、排放口编号、排放口设置是否规范及排放口类型。

（1）废气产污环节：分为锅炉、碱回收炉、石灰窑、焚烧炉、堆场、备料、蒸煮、洗涤、漂白、储存系统等。

（2）污染物种类：为标准中污染因子，如废气中的颗粒物、二氧化硫、氮氧化物等和废水中的COD、氨氮等。

（3）排污许可证申请表中的污染治理设施编号：可填写企业内部污染治理设施编号，

若企业无内部编号，则根据《固定污染源（水、大气）编码规则（试行）》进行编号并填报。

（4）治理设施名称：废气分为脱硫系统（单塔单循环、单塔双循环、双塔双循环等）、脱硝系统、脱汞措施、除尘器等；废水分为工业废水处理系统、生活污水处理系统等。

（5）污染治理工艺：废气包括脱硫系统（石灰石－石膏湿法、石灰－石膏湿法、电石渣法、氨－肥法、氨－亚硫酸铵法等）、脱硝系统（低氮燃烧器、SCR、SNCR 等）、脱汞措施（卤素除汞、烟道喷入活性炭吸附剂等）、除尘器（静电除尘、袋式除尘器、电袋复合除尘器等）；废水治理工艺分为混凝、沉淀、絮凝、气浮、厌氧、好氧、蒸发结晶、深度处理等。

（6）废水类别：分为制浆废水、造纸废水、生活污水、热电锅炉排水、初期雨水等。

（7）废水排放去向：分为不外排、排至厂内综合污水处理站、直接进入海域等。

（8）废水排放规律：分为连续排放，流量稳定；连续排放，流量不稳定，但有周期性规律等。

（9）可行技术：具体内容见"三、可行技术"；对于采用不属于可行技术范围的污染治理技术，应填写提供的相关证明材料。

（10）排污许可证申请表中的排放口编号：填写地方环境管理部门现有编号或由企业根据《固定污染源（水、大气）编码规则（试行）》进行编号并填写。

（11）排放口设置是否符合要求：填写排放口设置是否符合排污口规范化整治技术要求等相关文件的规定。

（12）排放口类型：分为外排口、设施或车间排放口，其中外排口又分为主要排放口、一般排放口。造纸废水排放口全部为主要排放口，如采用氯气漂白工艺需填写设施或车间排放口；废气主要排放口为碱回收炉和锅炉废气排放口，一般排放口为石灰窑和焚烧炉废气排放口。

排污单位基本信息内容原则上为必填项，在填报主要产品及产能、主要原辅材料及燃料时区分必填项和选填项，并应当在国家排污许可证管理信息平台申报系统的下拉菜单中选择，菜单中未包括的，可自行增加内容。

企业基本信息应当按照企业实际情况填报，确保真实、有效。生产设施及排放口信息要满足本技术规范的要求。本技术规范尚未作出规定，且排放工业废气和有毒有害大气污染物的，应当执行国家和地方排放标准的，要参照相关技术规范自行填报。企业针对申请的排污许可要求，评估污染排放及环境管理现状，对存在需要改正的，可在排污许可证管理信息平台申请系统中提出改正措施。

有核发权的地方环境保护主管部门补充制订的相关技术规范有要求的，以及企业认为需要填报的，应补充填报。

二、产排污节点对应排放口及许可排放限值

本技术规范主要基于污染物排放标准及总量控制要求确定产排污节点、排放口、污染因子及许可限值。对于新增污染源，应对照环境影响评价文件及批复要求，从严确定；对于现有污染源，有核发权的地方环境保护主管部门可根据环境质量改善需要，综合考虑本技术规范及环境影响评价文件及批复要求，确定产排污节点、排放口、污染因子及许可限值。依法制定并发布的限期达标规划中有明确要求的，还要综合考虑，确定产排污节点、排放口、污染因子及许可限值。有核发权的地方环境保护主管部门合规补充制定的其他各项要求，应当依据规范性文件相应增加内容。

（一）产排污节点及排放口具体规定

1. 废水类别及排放口

造纸企业纳入排污许可管理的废水类别包括所有生产废水和排入厂区污水处理站的生活污水、初期雨水，单独排入城镇集中污水处理设施的生活污水仅说明去向。对于造纸行业废水排放口，不再区分主要排放口和一般排放口。所有废水排放口实施许可管理污染因子为列入《制浆造纸工业水污染物排放标准》（GB 3544）的所有污染因子，具体见表 F - 1。地方有其他要求的，从其规定。

表 F - 1　废水类别及污染因子

废 水 类 别	污 染 因 子
漂白车间或生产设施废水排放口	可吸附有机卤化物（AOX）[①]
	二噁英[②]
生活污水　初期雨水	……
生产废水外排口	pH
	色度
	悬浮物
	化学需氧量
	生化需氧量
	氨氮
	总磷
	总氮

注：[①②] AOX 和二噁英仅适用于含元素氯漂白工艺的企业。

2. 废气产排污节点及排放口

造纸企业废气产排污节点包括对应的生产设施和相应排放口，生产设施主要包括锅炉、碱回收炉、石灰窑炉、焚烧炉等，相应排放口主要包括上述生产设施烟囱或排气筒。实施许可管理的废气污染因子为列入相应排放标准的所有污染因子，具体见表F-2。

　　造纸企业废气排放口分为主要排放口和一般排放口，主要排放口管控许可排放浓度和许可排放量，详细填报排放口具体位置、排气筒高度、排气筒出口内径等信息。本次暂将锅炉、碱回收炉烟囱列为主要排放口，石灰窑炉、焚烧炉烟囱列为一般排放口，其他有组织废气由企业在申请排污许可证阶段自行申报，按照相应的污染物排放标准进行管控；无组织废气污染源应说明采取的控制措施。地方排污许可规范性文件有具体规定或其他要求的，从其规定。

表 F-2　废气生产设施及排放口

生产设施	排放口	污染因子
主要排放口		
锅炉	锅炉烟囱	颗粒物
		二氧化硫
		氮氧化物
		汞及其化合物[①]
		烟气黑度（林格曼黑度，级）
碱回收炉	碱回收炉烟囱	颗粒物
		二氧化硫
		氮氧化物
一般排放口		
石灰窑炉	石灰窑炉烟囱	颗粒物
		二氧化硫
焚烧炉	焚烧炉烟囱	二氧化硫
		氮氧化物
		颗粒物、氯化氢、汞及其化合物、（镉、铊及其化合物）、（锑、砷、铅、铬、钴、铜、锰、镍及其化合物）、二噁英、一氧化碳[②]
		烟尘、一氧化碳、氟化氢、氯化氢、汞及其化合物、镉及其化合物、（砷、镍及其化合物）、铅及其化合物、（铬、锡、锑、铜、锰及其化合物）、二噁英[③]
厂界		臭气浓度、硫化氢、氨、颗粒物、氯化氢[④]

注：①适用于燃煤锅炉；

②、③分别为《生活垃圾焚烧污染控制标准》（GB 18485）、《危险废物焚烧污染控制标准》（GB 18484）中污染因子。废气排放口中如排放①②中涉及的污染因子，则纳入管控范围。

④适用于采用含氯漂白工艺的企业。

（二）许可排放限值

许可排放限值包括污染物许可排放浓度和许可排放量，原则上按照污染物排放标准和总量控制要求进行确定。执行特别排放限值的地区或有地方排放标准的，按照从严原则进行确定。

企业申请的许可排放限值严于本规范规定的，排污许可证按照申请的许可排放限值核发。

对于大气污染物，以生产设施或有组织排放口为单位确定许可排放浓度和许可排放量。对于水污染物，按照排放口确定许可排放浓度和许可排放量。企业填报排污许可限值时，应在排污许可申请表中写明申请的许可排放限值计算过程。

1. 许可排放浓度

（1）废水

所有废水排放口分别确定许可排放浓度。

明确各项水污染因子许可排放浓度（除 pH 值、色度外）为日均浓度。

废水直接排放外环境的现有制浆、造纸及制浆造纸联合企业水污染物许可排放浓度限值按照《制浆造纸工业水污染物排放标准》（GB 3544）确定；根据《关于太湖流域执行国家排放标准水污染物特别排放限值时间的公告》（环境保护部 2008 年第 28 号公告）和《关于太湖流域执行国家污染物排放标准水污染物特别排放限值行政区域范围的公告》（环境保护部 2008 年第 30 号公告），江苏省苏州市全市辖区，无锡市全市辖区，常州市全市辖区，镇江市的丹阳市、句容市、丹徒区，南京市的溧水县、高淳县；浙江省湖州市全市辖区，嘉兴市全市辖区，杭州市的杭州市区（上城区、下城区、拱墅区、江干区、余杭区，西湖区的钱塘江流域以外区域）、临安市的钱塘江流域以外区域；上海市青浦区全部辖区自 2008 年 9 月 1 日起执行《制浆造纸工业水污染物排放标准》（GB 3544）的水污染物特别排放限值。省级环保部门如确定了其他需要执行特别排放限值的区域，所在区域企业执行相应的特别排放限值要求。地方污染物排放标准有更严格要求的，从其规定。

废水排入集中式污水处理设施的造纸企业，其污染物许可排放浓度限值按照《制浆造纸工业水污染物排放标准》（GB 3544）或地方污染物排放标准规定，由企业与污水处理设施运营单位协商确定；如未商定的，按照《污水综合排放标准》（GB 8978）中的三级排放限值、《污水排入城镇下水道水质标准》（GB/T 31962）以及其他有关标准从严确定。

制浆、造纸及制浆造纸联合企业生产设施同时生产两种以上产品、可适用不同排放控制要求或不同行业国家污染物排放标准，且生产设施产生的污水混合处理排放的情况下，应执行排放标准中规定的最严格的浓度限值。

纸制品企业水污染许可排放浓度限值按照《污水综合排放标准》（GB 8978）要求确定，其中总磷、总氮因子排放浓度限值参照《制浆造纸工业水污染物排放标准》（GB 3544）中造纸企业的排放要求确定，对于有环境影响评价批复且目前按照环境影响评价确定的限值进行环境监管的企业，也可按照环境影响评价文件及批复要求申请许可排放浓度限值。

（2）废气

以产排污节点对应的生产设施或排放口为单位，明确各台碱回收炉、石灰窑炉、焚烧炉各类污染物许可排放浓度，为小时浓度。

根据《关于碱回收炉烟气执行排放标准有关意见的复函》（环函〔2014〕124号），65蒸吨/小时以上碱回收炉废气中烟尘、二氧化硫、氮氧化物许可排放浓度限值可参照《火电厂大气污染物排放标准》（GB 13223）中现有循环流化床火力发电锅炉的排放控制要求确定；65蒸吨/小时及以下碱回收炉废气中烟尘、二氧化硫、氮氧化物许可排放浓度限值参照《锅炉大气污染物排放标准》（GB 13271）中生物质成型燃料锅炉的排放控制要求确定。对于有环境影响评价批复的，也可按照环境影响评价文件及批复要求确定许可排放浓度限值。

执行《锅炉大气污染物排放标准》（GB 13271）的锅炉废气中颗粒物、二氧化硫、氮氧化物、汞及其化合物（仅适用于燃煤锅炉）许可排放浓度限值按照《锅炉大气污染物排放标准》（GB 13271）确定。北京市、天津市、石家庄市、唐山市、保定市、廊坊市、上海市、南京市、无锡市、常州市、苏州市、南通市、扬州市、镇江市、泰州市、杭州市、宁波市、嘉兴市、湖州市、绍兴市、广州市、深圳市、珠海市、佛山市、江门市、肇庆市、惠州市、东莞市、中山市、沈阳市、济南市、青岛市、淄博市、潍坊市、日照市、武汉市、长沙市、重庆市主城区、成都市、福州市、三明市、太原市、西安市、咸阳市、兰州市、银川市等47个城市市域范围按照《关于执行大气污染物特别排放限值的公告》（环境保护部公告2013年第14号）和《关于执行大气污染物特别排放限值有关问题的复函》（环办大气函〔2016〕1087号）的要求确定许可排放浓度。地方有更严格的排放标准要求的，按照地方排放标准进行确定。

石灰窑炉废气中烟尘、二氧化硫许可排放浓度限值按照《工业炉窑大气污染物排放标准》（GB 9078）确定。

焚烧炉废气中烟尘、二氧化硫、氮氧化物、汞及其化合物、CO和废气中明确排放的氯化氢、氟化氢、（镉、铊及其化合物）、（锑、砷、铅、铬、钴、铜、锰镍及其化合物）、二噁英污染物许可排放浓度限值，对于焚烧危险废物的，按照《危险废物焚烧污染控制标准》（GB 18484）确定；对于焚烧一般固废的，参照《生活垃圾焚烧污染控制标准》（GB 18485）确定，有环境影响评价批复且目前环境监管按照环境影响评价确定的限值进行监管的，也可按照环境影响评价文件及批复要求申请许可排放浓度限值。

若执行不同许可排放浓度的多台生产设施或排放口采用混合方式排放废气，且选择的监控位置只能监测混合废气中的大气污染物浓度，则应执行各限值要求中最严格的许可排放浓度。

2. 许可排放量

年许可排放量的有效周期应以许可证核发时间起算，滚动 12 个月。许可排放量包括有组织排放和无组织排放。

有环境影响评价批复的新增污染源依据环境影响评价文件及批复确定许可排放量。环境影响评价文件及批复中无排放总量要求或排放总量要求低于按照排放标准（含特别排放限值）确定的许可排放量的，按照执行的排放标准（含特别排放限值）要求为依据，采用下列方法确定许可排放量。地方有更严格的环境管理要求的，按照地方要求进行核定。

现有污染源基于国家或地方排放标准采用下列方法确定许可排放量。地方有总量控制要求且将总量指标分配到企业的，按照从严原则确定企业许可排放量。

总量控制要求包括地方政府或环保部门发文确定的企业总量控制指标、环评文件及其批复中确定的总量控制指标、现有排污许可证中载明的总量控制指标、通过排污权有偿使用和交易确定的总量控制指标等地方政府或环保部门与排污许可证申领企业以一定形式确认的总量控制指标。

（1）废水

明确对化学需氧量、氨氮以及受纳水体环境质量超标且列入《制浆造纸工业水污染物排放标准》（GB 3544）中的其他污染因子许可年排放量。

①单独排放

企业水污染物许可排放量依据水污染物许可排放浓度限值、单位产品基准排水量和产品产能核定，计算公式如下：

$$D = S \times Q \times C \times 10^{-6}$$

其中：

D 为某种水污染物最大年许可排放量，单位为吨/年；

S 为产品年产能规模，单位为吨/年；

Q 为单位产品基准排水量，单位为立方米/吨产品，造纸企业执行《制浆造纸工业水污染物排放标准》（GB 3544）的相关取值，纸制品企业单位产品基准排水量按 1 立方米/吨产品取值，地方排放标准中有严格要求的，从其规定；

C 为水污染物许可排放浓度限值，单位为毫克/升。

②混合排放

企业同时排放两种或两种以上工业废水，许可排放量可采用如下公式确定：

$$D = C \sum_{i}^{n} Q_i S_i$$

其中：

C 为废水许可排放浓度，单位为 mg/L；

Q_i 为不同工业污水基准排水量，单位为 m^3/吨产品；

S_i 为不同产品产能，单位为吨/年。

（2）废气

明确各生产设施排气筒许可排放量，包括年许可排放量、不同级别应急预警期间日排放量等。企业废气中各污染物许可排放量为各台生产设施废气中污染物许可排放量之和。备用锅炉或其他备用炉窑不再单独许可排放量，按照企业许可排放总量管理。

对锅炉废气中烟尘、二氧化硫、氮氧化物和碱回收炉废气中氮氧化物按本规范规定年许可排放量。

对于石灰窑、焚烧炉等一般排放口，许可排放量根据实际情况填报。对于排放量较大的一般排放口，应该加强管理；地方有明确规定的，从其规定。

碱回收炉和锅炉废气中污染物许可排放量可依据许可排放浓度与基准排气量进行核定，具体公式如下。同时，具备有效在线监测数据的企业，也可以前一自然年实际排放量为依据，申请年许可排放量，其中浓度限值超标或者监测数据缺失的时段的排放量不得计算在内。

①碱回收炉废气中污染物许可排放量依据许可排放浓度限值、单位产品基准排气量和产品产能核定，计算公式如下：

$$D = R \times Q \times C \times 10^{-9}$$

其中：

D 为废气污染物许可排放量，单位为吨/年；

R 为产品产能，单位为吨风干浆/年；

C 为废气污染物许可排放浓度限值，单位为毫克/立方米；

Q 为基准排气量，单位为标立方米/吨浆，按表 F－3 进行经验取值。

表 F－3　碱回收炉基准烟气量取值表

单位：标立方米/吨风干浆

碱回收炉	规模	基准烟气量（干烟气）
化学木浆	≤50 万吨浆/年	7000
	>50 万吨浆/年	8000
化学竹浆	≤10 万吨浆/年	5500
	>10 万吨浆/年	6000
化学非木浆	—	6000
化学机械浆	—	1000

②执行《锅炉大气污染物排放标准》（GB 13271）的锅炉废气污染物许可排放量依据废气污染物许可排放浓度限值、基准排气量和燃料用量核定。

a）燃煤或燃油锅炉废气污染物许可排放量计算公式如下：

$$D = R \times Q \times C \times 10^{-6}$$

b）燃气锅炉废气污染物许可排放量计算公式如下：

$$D = R \times Q \times C \times 10^{-9}$$

其中：

D 为废气污染物许可排放量，单位为吨/年；

R 为设计燃料用量，单位为吨/年或立方米/年；

C 为废气污染物许可排放浓度限值，单位为毫克/立方米；

Q 为基准排气量，单位为标立方米/千克燃煤或标立方米/立方米天然气，具体取值见表 F-4。

表 F-4 锅炉废气基准烟气量取值表

锅炉	热值/（MJ/kg）	基准烟气量
燃煤锅炉（标立方米/千克燃煤）	12.5	6.2
	21	9.9
	25	11.6
燃油锅炉（标立方米/千克燃煤）	38	12.2
	40	12.8
	43	13.8
燃气锅炉（标立方米/立方米）	—	12.3

注：1. 燃用其他热值燃料的，可按照《动力工程师手册》进行计算。

2. 燃用生物质燃料蒸汽锅炉的基准排气量参考燃煤蒸汽锅炉确定，或参考近三年企业实测的烟气量，或近一年连续在线监测的烟气量。

③主要排放口排放量之和：

企业大气许可排放量为各主要排放口排放量之和，年许可排放量计算公式如下：

$$E_{年许可} = \sum_{i=1}^{n} M_i$$

式中：

$E_{年许可}$ 为造纸企业年许可排放量，吨；

M_i 为第 i 个排放口大气污染物年许可排放量，吨。

④混合排放：

若执行不同许可排放浓度的多台设施采用混合方式排放烟气，且选择的监控位置只能监测混合烟气中的大气污染物浓度，许可排放量为各烟气量许可排放量之和。

3. 其他

新、改、扩建项目的环境影响评价文件或地方相关规定中有原辅材料、燃料等其他污染防治强制要求的，还应根据环境影响评价文件或地方相关规定，明确其他需要落实的污染防治要求。

三、可行技术

具有核发权限的环保部门，在审核排污许可申请材料时，判断企业是否具备符合规定的防治污染设施或污染物处理能力，可以参照行业可行技术，对于企业采用相关可行技术的，原则上认为具备符合规定的防治污染设施或污染物处理能力。对于未采用的，企业应当在申请时提供相关证明材料（如已有监测数据；对于国内外首次采用的污染治理技术，还应当提供中试数据等说明材料），证明具备上述相关能力。

（一）废水

废水可行技术参照环境保护部发布的 2013 年第 81 号公告发布的《造纸行业木材制浆工艺污染防治可行技术指南（试行）》《造纸行业非木材制浆工艺污染防治可行技术指南（试行)》《造纸行业废纸制浆及造纸工艺污染防治可行技术指南（试行)》。在造纸行业可行技术指南发布后，以规范性文件要求为准。

（二）废气

1. 可行技术

锅炉、碱回收炉、石灰窑炉和焚烧炉废气污染治理可行技术详见表 F-5。

表 F-5　废气可行技术

污染源	污染因子	限值（mg/m³）	可行技术
执行《锅炉大气污染物排放标准》（GB 13271）中表 1 的锅炉废气	颗粒物	80/60/30	电除尘技术；袋式除尘技术
	二氧化硫	400（550）/300/100	石灰石/石灰-石膏等湿法脱硫技术；喷雾干燥法脱硫技术；循环流化床法脱硫技术
	氮氧化物	400	—
	汞及其化合物	0.05	高效除尘脱硫综合脱除汞效率为 70%
	注：浓度限值为燃煤/燃油/燃气，括号内为广西、四川、重庆、贵州燃煤锅炉执行限值		
执行《锅炉大气污染物排放标准》（GB 13271）中表 2 的锅炉废气	颗粒物	50/30/20	电除尘技术；袋式除尘技术
	二氧化硫	300/200/50	石灰石/石灰-石膏等湿法脱硫技术；喷雾干燥法脱硫技术；循环流化床法脱硫技术
	氮氧化物	300/250/200	非选择性催化还原脱硝技术
	汞及其化合物	0.05	高效除尘脱硫脱硝综合脱除汞的效率为 70%
	注：浓度限值为燃煤/燃油/燃气		

续表

污染源	污染因子	限值（mg/m³）	可行技术
执行《锅炉大气污染物排放标准》（GB 13271）中表3的锅炉废气	颗粒物	30/30/20	四电场以上电除尘技术；袋式除尘技术
	二氧化硫	200/100/50	二氧化硫治理技术；石灰石/石灰-石膏等湿法脱硫技术；喷雾干燥法脱硫技术；循环流化床法脱硫技术
	氮氧化物	200/200/150	选择性催化还原脱硝技术
	汞及其化合物	0.05	高效除尘脱硫脱硝综合脱除汞的效率为70%
碱回收炉废气	烟尘	30/50	三电场或四电场静电除尘器、布袋除尘器
	二氧化硫	200/300	不采取脱硫措施的情况下，碱回收炉废气中二氧化硫浓度可达到70mg/m³以下
	氮氧化物	200/300	不采取脱硝措施的情况下，碱回收炉废气中氮氧化物浓度可达到300mg/m³以下。如排放浓度小于200mg/m³，需增加脱硝措施
	注：浓度限值为65蒸吨/小时以上/65蒸吨/小时及以下		
石灰窑炉废气	烟尘	200	三电场或四电场静电除尘器
	二氧化硫	850	—
	氮氧化物		—
焚烧炉废气	烟尘	30/65	布袋除尘器
	二氧化硫	100/200	石灰石/石灰-石膏法脱硫技术；喷雾干燥法脱硫技术；循环流化床法脱硫技术
	氮氧化物	300/500	如不能稳定达标，可采用SNCR脱硝
	二噁英	0.1/0.5 ngTEQ/m³	活性炭吸附
	注：浓度限值为《生活垃圾焚烧污染控制标准》（GB 18485）1小时均值/《危险废物焚烧污染控制标准》（GB 18484）。		

2. 运行管理要求

（1）有组织

有组织排放要求主要是针对烟气处理系统的安装、运行、维护等规范和要求。

碱回收炉、石灰窑炉布袋除尘器滤袋应完整无破损。

执行《生活垃圾焚烧污染控制标准》（GB 18485）的焚烧炉废气排放控制要求应满足GB 18485中各项要求，包括炉膛内焚烧温度≥850℃，烟气停留时间≥2秒，渣热灼减率≤5%等。

执行《危险废物焚烧污染控制标准》（GB 18484）的焚烧炉废气，排放控制要求应满足 GB 18484 中各项要求，包括炉膛内温度≥1100 ℃，烟气停留时间≥2 秒；炉膛内渣热灼减率≤5%，燃烧效率≥99.9%，焚毁去除率≥99.99% 等。

（2）无组织

企业无组织排放节点主要包括高浓度污水处理设施、污泥间废气、制浆及碱回收工段产生的恶臭气体、储煤场、脱硝辅料区等。

对于高浓度污水处理设施、污泥间废气经密闭收集处理后通过排气筒排放。对于制浆及碱回收工段产生的不凝气、汽提气等含恶臭物质，经收集后送碱回收炉等进行焚烧处置。对于露天储煤场应配备防风抑尘网、喷淋、洒水、苫盖等抑尘措施，且防风抑尘网不得有明显破损。煤粉、石灰或石灰石粉等粉状物料须采用筒仓等全封闭料库存储。其他易起尘物料应苫盖。石灰石卸料斗和储仓上设置布袋除尘器或其他粉尘收集处理设施。氨区应设有防泄漏围堰、氨气泄漏检测设施。氨罐区应安装氨（氨水）流量计。

四、自行监测管理要求

企业制定自行监测管理要求的目的是证明排污许可证许可的产排污节点、排放口、污染治理设施及许可限值落实情况。造纸企业在申请排污许可证时，应当按照本技术规范制定自行监测方案并在排污许可证申请表中明确，造纸行业排污单位自行监测技术指南发布后，以规范性文件要求为准。以确定产排污节点、排放口、污染因子及许可限值的要求为依据，对需要综合考虑批复的环境影响评价文件等其他管理要求的，应当同步完善企业自行监测管理要求。

（一）自行监测方案

自行监测方案中应明确企业的基本情况、监测点位、监测指标、执行排放标准及其限值、监测频次、监测方法和仪器、采样方法、监测质量控制、监测点位示意图、监测结果公开时限等。对于采用自动监测的，企业应当如实填报采用自动监测的污染物指标、自动监测系统联网情况、自动监测系统的运行维护情况等；对于无自动监测的大气污染物和水污染物指标，企业应当填报开展手工监测的污染物排放口、监测点位、监测方法、监测频次；对于新增污染源，企业还应当按照环境影响评价文件的要求填报周边环境质量监测（如需）方案。

（二）自行监测要求

企业可自行或委托第三方监测机构开展监测工作，并安排专人专职对监测数据进行记录、整理、统计和分析。对监测结果的真实性、准确性、完整性负责。

1. 废水

（1）监测点位设置

有元素氯漂白工序的造纸工业企业，须在元素氯漂白车间排放口、或元素氯漂白车间处理设施排放口设置监测点位。有脱墨工序，且脱墨工序排放重金属的废纸造纸工业企业，须在脱墨车间排放口、或脱墨车间处理设施排放口设置监测点位。所有造纸工业企业均须在企业废水外排口设置监测点位；废水间接排放，无明显外排口的，在排污单位的废水处理设施排放口位置采样。

（2）监测指标及监测频次

监测指标及频次按照表 F-6 执行，地方根据规定可相应加密监测频次。对于新增污染源，周边环境影响监测点位、监测指标按照企业环境影响评价文件的要求执行。

表 F-6　废水排放口及污染物最低监测频次

监测点位	污染物指标	监测频次[①]	备注
企业废水总排放口[②]	流量	连续监测	—
	pH、悬浮物、色度、化学需氧量、氨氮	日	—
	五日生化需氧量、总氮、总磷	周	水环境质量中总氮（无机氮）/总磷（活性磷酸盐）超标的流域或沿海地区，总氮/总磷最低监测频次按日执行
	挥发酚、硫化物、溶解性总固体（全盐量）	季度	选测
元素氯漂白车间废水排放口	AOX、二噁英、流量	年	—
脱墨车间废水排放口	环境影响评价及批复、或摸底监测确定的重金属污染物指标	周	若无重金属排放，则不需要开展监测

注：①设区的市级及以上环保主管部门明确要求安装自动监测设备的污染物指标，须采取自动监测；其他可自行确定采用手工或自动监测手段。

②间接排放造纸工业企业废水总排口的监测指标和监测频次根据所执行的排放标准或当地环境管理要求参照本表确定。

2. 有组织废气

根据《关于加强京津冀高架源污染物自动监控有关问题的通知》（环办环监函〔2016〕1488 号）中的相关要求，京津冀地区及传输通道城市各排放烟囱超过 45 米的高架源应安装污染源自动监控设备。

造纸企业锅炉废气按照火电行业中企业自行监测要求确定，碱回收炉、石灰窑炉排污口的监测指标及频次按照表 F-7 执行，地方根据规定可相应加密监测频次。

表 F-7 废气排放口污染物指标最低监测频次

污染源	监测点位	污染物指标	监测频次
碱回收炉	碱回收炉排气筒或原烟气与净烟气会合后的混合烟道上	氮氧化物、二氧化硫	连续监测
		颗粒物、烟气黑度	季度
石灰窑	石灰窑排气筒或原烟气与净烟气会合后的混合烟道上	颗粒物、氮氧化物、二氧化硫	季度
焚烧炉（以一般固废为燃料）	焚烧炉排气筒或原烟气与净烟气会合后的混合烟道上	颗粒物、氮氧化物、二氧化硫、一氧化碳、氯化氢、流量、炉膛温度	连续监测
		汞及其化合物、镉和铊及其化合物、（锑、砷、铅、铬、钴、铜、锰、镍及其化合物）	月（如排放）
		二噁英	年
焚烧炉（燃料含危险废物）	焚烧炉排气筒或原烟气与净烟气会合后的混合烟道上	颗粒物、氮氧化物、二氧化硫、流量	连续监测
		氯化氢、氟化氢、汞及其化合物、镉及其化合物、砷及其化合物、镍及其化合物、铅及其化合物、（铬、锡、锑、铜、锰及其化合物）、	月（如排放）
		烟气黑度、二噁英	年

3. 无组织废气

造纸工业企业无组织排放监测点位设置、监测指标及监测频次按表 F-8 执行。

表 F-8 无组织废气污染物指标最低监测频次

企业类型	监测点位	监测指标	监测频次
有制浆工序的企业	厂界	臭气浓度[1]、颗粒物	月或年[2]
有生化污水处理工序	厂界	臭气浓度、硫化氢、氨	季
采用含氯漂白工艺的企业	漂白车间或二氧化氯制备车间外	氯化氢	年
有石灰窑的	厂界	颗粒物	年

注：[1]根据环境影响评价文件及其批复，以及原料工艺等确定是否监测其他臭气污染物。

[2]适用于有硫酸盐法制浆或硫酸盐法纸浆漂白工序的企业，若周边没有敏感点，可适当降低监测频次。

4. 采样和测定方法

（1）自动监测

废水自动监测参照《水污染源在线监测系统安装技术规范》（HJ/T 353）、《水污染源在线监测系统验收技术规范》（HJ/T 354）、《水污染源在线监测系统运行与考核技术规范（试行）》（HJ/T 355）执行。

废气自动监测参照《固定污染源烟气排放连续监测技术规范》（HJ/T 75）、《固定污染源排放烟气连续监测系统技术要求及检测方法》（HJ/T 76）执行。

（2）手工采样

废水手工采样方法的选择参照《水质采样技术指导》（HJ 494）、《水质采样方案设计技术规定》（HJ 495）和《地表水和污水监测技术规范》（HJ/T 91）执行。

废气手工采样方法的选择参照《固定污染源排气中颗粒物和气态污染物》（GB/T 16157）、《固定源废气监测技术规范》（HJ/T 397）执行，单次监测中，气态污染物采样，应获得小时均值浓度；颗粒物采样，至少采集三个反映监测断面颗粒物平均浓度的样品。

（3）测定方法

废气、废水污染物的测定按照相应排放标准中规定的污染物浓度测定方法标准执行，国家或地方法律法规等另有规定的，从其规定。

5. 数据记录要求

（1）监测信息记录

手工监测的记录和自动监测运维记录按照《排污单位自行监测技术指南总则》执行。

对于无自动监测的大气污染物和水污染物指标，企业应当定期记录开展手工监测的日期、时间、污染物排放口和监测点位、监测方法、监测频次、监测方法和仪器、采样方法等，并建立台账记录报告，手工监测记录台账至少应包括表 F-9 内容，填报方法可参照排污许可证申请表相关注释。

表 F-9 手工监测报表

序号	污染源类别	监测日期	监测时间	排放口编号	监测内容	计量单位	监测结果	监测结果（折标）	手工监测采样方法及个数	手工测定方法	手工监测仪器型号
1	废气	20160606	10：00 – 10：15	DA001	SO_2	mg/m^3	100	110	连续采样	HJ/T 57	AAA
		20160606	10：00 – 10：15	DA001	烟气流量	m^3/h	5000	5500	—	—	—
	废水				……	……			……	……	
	其他				……				……	……	

注：监测内容包括：自行监测指南中确定应当开展监测的废气、废水污染因子，及其他需要监测的污染物；对于需要同步监测的烟气参数（排气量、温度、压力、湿度、氧含

量等)、废水排放量等,要同步记录。

(2)生产和污染治理设施运行状况信息记录

监测期间应详细记录企业以下生产及污染治理设施运行状况,日常生产中也应参照以下内容记录相关信息,并整理成台账保存备查。

①制浆造纸生产运行状况记录

分生产线记录每日的原辅料用量及产量:取水量(新鲜水),主要原辅料(木材、竹、芦苇、蔗渣、稻麦草等植物、废纸等)使用量,商品浆和纸板及机制纸产量等;

化学浆生产线还需要记录粗浆得率、细浆得率、碱回收率、黑液提取率等;

半化学浆、化机浆生产线还需要记录纸浆得率等。

②碱回收工艺运行状况记录

按生产周期记录石灰窑原料使用量、石灰窑产品产量、总固形物处理量、燃料消耗量、燃料含硫量等。

③污水处理运行状况记录

按日记录污水处理量、污水回用量、白水回用率、污水排放量、污泥产生量(记录含水率)、进水浓度、排水浓度、污水处理使用的药剂名称及用量。

6. 监测质量保证与质量控制

按照《排污单位自行监测技术指南总则》要求,企业应当根据自行监测方案及开展状况,梳理全过程监测质控要求,建立自行监测质量保证与质量控制体系。

污染物样品采集、保存、现场测试及实验室分析、监测质量保证与质量控制、监测数据整理及处理等应符合 GB/T 27025、HJ/T 91、HJ/T 355、HJ/T 356、HJ/T 373、HJ/T 397、HJ 494、HJ 495 等相关规定。

7. 其他要求

现有造纸企业结合原辅料、生产工艺以及自行监测确定企业排放的其他污染物指标也可纳入监测指标范围,并参照前述要求确定监测频次。

新改扩建项目的自行监测要求需同时满足环境影响评价报告书(表)及其批复要求。地方有更严格环境管理要求的,从其规定。

五、环境管理台账记录与执行报告编制规范

企业开展环境管理台账记录、编制执行报告目的是自我证明企业的持证排放情况。《环境管理台账及排污许可证执行报告技术规范》及相关技术规范性文件发布后,企业环境管理台账记录要求及执行报告编制规范以规范性文件要求为准。

(一)环境管理台账记录要求

造纸企业应按照"规范、真实、全面、细致"的原则,依据本技术规范要求,在排污许可证管理信息平台申报系统进行填报;有核发权的地方环境管理部门补充制定相关技术规范中要求增加的,在本技术规范基础上进行补充;企业还可根据自行监测管理要求补充填报其他内容。企业应建立环境管理台账制度,设置专职人员进行台账的记录、整理、维护和管理，并对台账记录结果的真实性、准确性、完整性负责。

为实现台账便于携带、作为许可证执行情况佐证并长时间储存的目的以及导出原始数据，加工分析、综合判断运行情况的功能，台账应当按照电子化储存和纸质储存两种形式同步管理。台账保存三年以上备查。

排污许可证台账应按生产设施进行填报，内容主要包括基本信息、污染治理措施运行管理信息、监测记录信息、其他环境管理信息等内容，记录频次和记录内容要满足排污许可证的各项环境管理要求。其中，基本信息主要包括企业、生产设施、治理设施的名称、工艺等排污许可证规定的各项排污单位基本信息的实际情况及与污染物排放相关的主要运行参数；污染治理设施台账主要包括污染物排放自行监测数据记录要求以及污染治理设施运行管理信息。监测记录信息按照自行监测管理要求实施。

污染治理措施运行管理信息应当包括设备运行校验关键参数，能充分反映生产设施及治理设施运行管理情况。

（1）污染治理设施运行管理信息

环保设施台账应包括所有环保设施的运行参数及排放情况等，废水治理设施包括废水处理能力（吨/日）、进水水质（各因子浓度和水量等）、运行参数（包括运行工况等）、污泥运行费用（元/吨）。焚烧炉应记录入炉固体废物、性质、数量、设施运行参数等。

（2）其他相关信息

年生产时间（分正常工况和非正常工况，单位为小时）、生产负荷、燃料（柴油、重油、天然气等）消耗量、主要产品产量（吨）等。

（二）执行报告编制规范

地方环境管理部门应当整合总量控制、排污收费、环境统计等各项环境管理的数据上报要求，可以参照本技术规范，在排污许可证中根据各项环境管理要求，确定执行报告的内容与频次。造纸企业应按照许可证中规定的内容和频次定期上报。

1. 报告频次

造纸企业应至少每年上报一次许可证年度执行报告，对于持证时间不足三个月的，当年可不上报年度执行报告，许可证执行情况纳入下一年年度执行报告；每月或每季度向环境保护主管部门上报化学需氧量、氨氮、二氧化硫、氮氧化物等主要污染物的实际排放量。

2. 年度执行报告提纲

造纸企业应根据许可证要求时间提交执行报告，根据环境管理台账记录等归纳总结报告期内排污许可证执行情况，自行或委托第三方按照执行报告提纲编写年度执行报告，保证执行报告的规范性和真实性，并连同环保管理台账一并提交至发证机关。负责工程师发生变化时，应当在年度执行报告中及时报告。执行报告提纲具体内容如下：

（1）基本生产信息。基本生产信息包括排污单位名称、所属行业、许可证编号、组织机构代码、营业执照注册号、投产时间、环保设施运行时间等内容，结合环境管理台账内容，总结概述许可证报告期内企业规模、原辅料、产品、产量、设备等基本信息，并分析与许可证载明事项及上年同比变化情况；对于报告周期内有污染治理投资的，还应包括治理类型、开工年月、建成投产年月、计划总投资、报告周期内累计完成投资等信息。企业基本生产信息至少应包括"四、自行监测管理要求"中数据记录要求的各项内容。

（2）遵守法律法规情况。说明企业在许可证执行过程中遵守法律法规情况；配合环境保护行政主管部门和其他有环境监督管理权的工作人员职务行为情况；自觉遵守环境行政命令和环境行政决定情况；公众举报、投诉情况及具体环境行政处罚等行政决定执行情况。

（3）污染防治措施运行情况。污染物来源及处理说明。根据环境管理台账，总结各污染源污染物产生情况、治理措施及效果；说明排水去向及受纳水体、排入的污水处理厂名称等，分析与许可证载明事项变化情况。污染防治措施运行情况至少应包括"四、自行监测管理要求"中数据记录要求的各项内容，以及废气、废水治理设施运行费用等。

污染防治设施异常情况说明。企业拆除、闲置停运污染防治设施，需说明原因、递交书面报告、收到回复及实施拆除、闲置停运的起止日期及相关情况；因故障等紧急情况停运污染防治设施，或污染防治设施运行异常的，企业应说明原因、废水废气等污染物排放情况、报告递交情况及采取的应急措施。

如有发生污染事故，企业需要说明在污染事故发生时采取的措施、污染物排放情况及对周边环境造成的影响。

（4）自行监测情况。自动监测情况应当说明监测点位、监测指标、监测频次、监测方法和仪器、采样方法、监测质量控制、自动监测系统联网、自动监测系统的运行维护及监测结果公开情况等，并建立台账记录报告。

对于无自动监测的大气污染物和水污染物指标，企业应当按照自行监测数据记录总结说明企业开展手工监测的情况。至少应当包括表 F - 10 的总结说明。

分析与排污许可证规定的自行监测方案变化情况及是否满足排污许可证要求。

（5）台账管理情况。企业应说明按总量控制、排污收费、环境保护税等各项环境管理要求统计基本信息、污染治理措施运行管理信息、其他环境管理信息等情况；说明记录、保存监测数据的情况；说明生产运行台账是否满足接受各级环境保护主管部门检查要求。

（6）实际排放情况及达标判定分析。根据企业自行监测数据记录及环境管理台账的相关数据信息，概述企业各项污染源、各项污染物的排放情况，分析全年、特殊时段、启停机时段许可浓度限值及许可排放量的达标情况。实际排放量和达标排放判定方法详见本规范第六和第七部分。实际排放量报表可参照表 F - 10 填报，对于超标时段还应填报表 F - 11 内容。

表 F-10 实际排放量报表

排放口名称	排放口编码	污染物	年许可排放量（吨）	报告期实际排放量（吨）	报告期（月/季度/年）
		SO_2			
		NO_x			
		烟尘			
		……			
全厂					

表 F-11 污染物超标时段自动监测小时均值报表

日期	时间	排放口编码	超标污染物种类	排放浓度（折标）$mg/m^3/mg/L$	超标原因说明（启动、故障等）

（7）排污费（环境保护税）缴纳情况。企业说明根据相关环境法律法规，按照排放污染物的种类、浓度、数量等缴纳排污费（环境保护税）的情况。如遇有不可抗力自然灾害和其他突发事件申请减免或缓缴，企业需说明书面申请及批复情况。

（8）信息公开情况。企业说明依据排污许可证规定的环境信息公开要求，开展信息公开的情况。

（9）企业内部环境管理体系建设与运行情况。说明企业内部环境管理体系的设置、人员保障、设施配备、企业环境保护规划、相关规章制度的建设和实施情况、相关责任的落实情况等。

（10）其他排污许可证规定的内容执行情况。

（11）其他需要说明的问题。

3. 半年及月报规范

企业每月或每季度应至少向环境保护主管部门上报全年报告中的第（6）部分中的"实际排放量报表"、达标判定分析说明及第（4）部分中"治污设施异常情况汇总表"。半年报告应至少向环境保护主管部门上报全年报告中的第（1）、第（3）至第（6）部分。

六、达标排放判定方法

对于实施排污许可管理的企业，达标判定是指各项污染物是否达到许可限值的各项规定，主要包括许可排放量和许可排放浓度判定。其中各项污染物许可排放量达标，是指根据本技术规范第七部分计算的全厂实际排放总量不超过相应污染物的许可排放量。许可浓度限值判定方法具体如下。

（一）废水

造纸企业各废水排放口污染物的排放浓度达标是指任一有效日均值均满足许可排放浓

度要求。各项废水污染物有效日均值采用自动监测、执法监测、企业自行开展的手工监测三种方法分类进行确定。

1. 自动监测

按照监测规范要求获取的自动监测数据计算得到有效日均浓度值与许可排放浓度限值进行对比，超过许可排放浓度限值的，即视为超标。

对于自动监测，有效日均浓度是对应于以每日为一个监测周期内获得的某个污染物的多个有效监测数据的平均值。在同时监测污水排放流量的情况下，有效日均值是以流量为权重的某个污染物的有效监测数据的加权平均值；在未监测污水排放流量的情况下，有效日均值是某个污染物的有效监测数据的算术平均值。

自动监测的有效日均浓度应根据《水污染源在线监测系统数据有效性判别技术规范（试行）》（HJ/T 356）、《水污染源在线监测系统运行与考核技术规范（试行）》（HJ/T 355）等相关文件确定。技术规范修订后，按其最新修订版执行，下同。

2. 执法监测

按照监测规范要求获取的执法监测数据超标的，即视为超标。根据《地表水和污水监测技术规范》（HJ/T 91）确定监测要求。

若同一时段的现场监测数据与在线监测数据不一致，现场监测数据符合法定的监测标准和监测方法的，以该现场监测数据作为优先证据使用。

3. 手工自行监测

按照自行监测方案、监测规范要求开展的手工监测，当日各次监测数据平均值（或当日混合样监测数据）超标的，即视为超标。超标判定原则同执法监测。

（二）废气

1. 一般情况

造纸企业各废气排放口污染物的排放浓度达标是指"任意小时浓度均值均满足许可排放浓度要求"。各项废气污染物小时浓度均值根据自动监测数据和手工监测数据确定。

自动监测小时均值是指"整点1小时内不少于45分钟的有效数据的算术平均值"。按照《固定污染源排气中颗粒物测定与气态污染物采样方法》（GB/T 16157）和《固定源废气监测技术规范》（HJ/T 397）中的相关规定，手工监测小时均值是指"1小时内等时间间隔采样3~4个样品监测结果的算数平均值"。

对于造纸企业的污染因子，按照剔除异常值的自动监测数据、执法监测数据及企业自行开展的手工监测数据作为达标判定依据。若同一时段的手工监测数据与自动监测数据不一致，手工监测数据符合法定的监测标准和监测方法的，以手工监测数据作为优先达标判定依据。由于自动监控系统故障等原因导致自动监测数据缺失的，连续缺失时段在24小时以内的应当参照《固定污染源烟气排放连续监测技术规范》（HJ/T 75）进行补遗，超过24小时的，超过时段按照缺失前720有效小时均值中最大小时均值进行补遗。

对于未要求采用自动监测的排放口或污染物，应以手工监测为准，同一时段有执法监测的，以执法监测为准。

2. 特殊情况

启动和停机时段内的排放数据可不作为废气达标判定依据，其中碱回收炉冷启动不超过 8 小时，不冲洗炉膛直接启动不超过 5 小时，停炉时间不超过 4 小时；石灰窑炉冷启动不超过 24 小时、热启动不超过 6 小时；焚烧炉冷启动时间不超过 4 小时，热启动时间不超过 2 小时，停炉时间不超过 1 小时，每年启动、停炉（含故障）时间累积不超过 60 小时；燃煤蒸汽锅炉如采用干（半干）法脱硫、脱硝措施，冷启动不超过 1 小时、热启动不超过 0.5 小时，不作为二氧化硫和氮氧化物达标判定的时段。

若多台设施采用混合方式排放烟气，且其中一台处于启停时段，企业可自行提供烟气混合前各台设施有效监测数据的，按照企业提供数据进行达标判定。

七、实际排放量核算方法

造纸企业污染物排放总量达标是指有许可排放量要求的主要排放口的主要污染物实际排放量之和满足主要排放口年许可排放量要求。对于特殊时期短时间内有许可排放量要求的企业，主要排放口实际排放量之和不得超过特殊时期许可排放量。

对于主要排放口之外的实际排放量算法，按照优先原则，由企业自行申报，地方另有规定的从其规定。

造纸企业污染物实际排放量为正常和非正常排放量之和，主要污染物实际排放量核算方法包括实测法、物料衡算法、产排污系数法等。

应当采用自动监测的排放口和污染因子，根据符合监测规范的有效自动监测数据采用实测法核算实际排放量。同时根据执法监测、企业自行开展的手工监测数据进行校核，若同一时段的手工监测数据与自动监测数据不一致，手工监测数据符合法定的监测标准和监测方法的，以手工监测数据为准。

应当采用自动监测而未采用的排放口或污染因子，采用物料衡算法或产排污系数法按照直排核算实际排放量。

未要求采用自动监测的排放口或污染因子，按照优先顺序依次选取自动监测数据、手工和执法监测数据、产排污系数法进行核算。在采用手工和执法监测数据进行核算时，还应以产排污系数进行校核；若同一时段的手工监测数据与执法监测数据不一致，以执法监测数据为准。监测数据应符合国家有关环境监测、计量认证规定和技术规范。

（一）废水核算方法

1. 实测法

实测法适用于有连续在线监测数据或手工采样监测数据的企业。

（1）采用连续在线监测数据核算

污染源自动监测符合 HJ/T 353 要求并获得有效连续在线监测数据的，可以采用在线监测数据核算污染物排放量。在连续在线监测数据由于某种原因出现中断或其他情况，可根据 HJ/T 356 等予以补遗修约，仍无法核算出全年排放量时，可结合手工监测数据共同核算。

（2）采用手工监测数据核算

未安装在线监测系统或无有效在线监测数据时，可采用手工监测数据进行核算。手工监测数据包括核算时间内的所有执法监测数据和企业自行或委托第三方的有效手工监测数据，企业自行或委托的手工监测频次、监测期间生产工况、数据有效性等须符合相关规范、环评文件等要求。

2. 产排污系数法

根据产污系数与产品产量核算污染物产生量，再根据产生量与污染治理措施去除效果核算污染物排放量，产污系数可以参考《产排污系数手册》。

3. 非正常情况污染物排放量核算

废水处理设施非正常情况下的排水，如无法满足排放标准要求时，不应直接排入外环境，待废水处理设施恢复正常运行后方可排放。如因特殊原因造成污染治理设施未正常运行超标排放污染物的或偷排偷放污染物的，按产污系数与未正常运行时段（或偷排偷放时段）的累计排水量核算实际排放量。

（二）废气核算方法

1. 实测法

实测法是通过实际废气排放量及其所对应污染物排放浓度核算污染物排放量，适用于有连续在线监测数据或手工采样监测数据的现有污染源。

（1）采用连续在线监测数据核算

污染源自动监测符合 HJ/T 75 要求并获得有效连续在线监测数据的，可以采用在线监测数据核算污染物排放量。

（2）用手工采样监测数据核算

连续在线监测数据由于某种原因出现中断或其他情况无有效在线监测数据的，或未安装在线监测系统的，可采用手工监测数据进行核算。手工监测数据频次、监测期间生产工况、有效性等须符合相关规范、环评文件等要求。

2. 产排污系数法

碱回收炉未安装脱硝措施时，废气中氮氧化物实际排放量为产生量，产污系数可参考表 F–12；安装脱硝措施时，氮氧化物实际排放量应当在产污系数基础上考虑处理效率。

表 F–12　碱回收炉废气中氮氧化物产污系数表

产品名称	燃料名称	工艺名称	规模等级	产污系数（千克/吨浆）
化学木（竹）浆	固形物	碱回收炉	<50 万吨浆/年	1.2 ~ 3.0
			≥50 万吨浆/年	0.8 ~ 2.7
化学非木浆	固形物	碱回收炉	所有规模	1.0 ~ 3.0
化学机械浆	固形物	碱回收炉	所有规模	0.1 ~ 0.36

3. 非正常排放量

碱回收炉启动等非正常期间污染物排放量可采用实测法或产排污系数法核定（表 F – 13）。

表 F – 13　排污许可证申领信息公开情况说明（试行）

企业基本信息			
单位名称		通信地址	
生产区所在地	省　市　县	联系人	
联系电话		传真	
信息公开情况说明			
信息公开起止时间			
信息公开方式	（国家排污许可证管理信息平台、电视、广播、报刊、公共网站、行政服务大厅或服务窗口等）		
信息公开内容	是否公开下列信息 □排污单位基本信息 □拟申请的许可事项 □产排污环节 □污染防治设施 □其他信息 未公开内容的原因说明：		

单位名称：（盖章）

法定代表人（实际负责人）：（签字）

日期：　年　月　日

附录 G 固定污染源（水、大气）编码规则
（试行）

一、适用范围

本规范规定了固定污染源排污许可管理的排污许可证、生产设施、治理设施、排放口的编码规则。

本规范适用于与排污许可有关的固定污染源管理的信息处理与信息交换。其他固定污染源管理也可参照使用。

二、赋予代码的对象

本规范赋予代码的对象包括：排污许可制下固定污染源及其定义范畴的生产设施、污染治理设施、排放口等。

三、编码原则

（一）唯一性

保证赋码对象的唯一性，一个代码唯一标识一个赋码对象。

（二）稳定性

统一代码一经赋予，在其主体存续期间，主体信息即使发生任何变化，统一代码均保持不变。

（三）兼容性

与现有国家相关编码标准、现行各业务数据库中使用的编码规则等相衔接，体现环境管理工作的标准性、科学性和延续性。

四、排污许可编码

根据排污许可编码原则，建立排污许可编码体系框架，如图 G-1 所示。

固定污染源排污许可编码体系由固定污染源编码、生产设施编码、污染治理设施编码、排放口编码共同组成。固定污染源编码与生产设施编码一起构成该生产设施全国唯一编码，固定污染源与污染治理设施编码一起构成该治理设施的全国唯一编码，固定污染源与排放口编码一起构成该排放口的全国唯一编码。

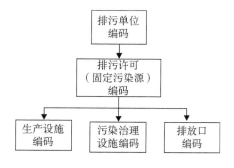

图 G-1 排污许可编码体系框架

（一）固定污染源编码

固定污染源编码分为主码和副码。

固定污染源主码，也称为排污许可证代码，主要起到唯一标识该排污许可证唯一责任单位的作用。排污许可证代码由三部分组成，如图 G - 2 所示。

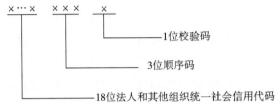

图 G - 2　排污许可证代码结构

第一部分（第 1 ~ 18 位）：排污单位统一社会信用代码，参照《法人和其他组织统一社会信用代码编码规则》（GB 32100）。若排污单位既无统一社会信用代码也无组织机构代码，使用"H9"、许可证核发机关行政区划码（6 位阿拉伯数字）、"0000"、同一许可证核发机关行政区划码内统一的顺序码（5 位阿拉伯数字）以及 1 位英文字母码（a ~ z，除 o 与 i 之外的 24 个小写英文字母）共 18 位表示。若排污单位无统一社会信用代码但有组织机构代码，使用"H9"、许可证核发机关行政区划码（6 位阿拉伯数字）、9 位组织机构代码以及 1 位英文字母码（a ~ z，除 o 与 i 之外的 24 个小写英文字母）共 18 位表示。其中，许可证核发机关行政区划码参照《中华人民共和国行政区划代码》（GB/T 2260）。

第二部分（第 19 ~ 21 位）：同一个统一社会信用代码单位的不同固定污染源的顺序号，使用 3 位阿拉伯数字表示，满足赋码唯一性。

第三部分（第 22 位）：校验码，使用 1 位阿拉伯数字或字母表示。

固定污染源副码，也称为排污许可证副码，主要用于区分同一个排污许可证代码下污染源所属行业，当一个固定污染源包含两个及以上行业类别时，副码也对应为多个。排污许可证副码用 4 位行业类别代码标识，结构图如图 G - 3 所示。

图 G - 3　排污许可证副码结构

第一部分（第 1 ~ 4 位）：行业类别代码，由 4 位数字组成，参照《排污许可分类管理名录》中行业类别代码，名录中没有的，参照《国民经济行业分类》（GB/T 4754）中行业类别代码。

（二）生产设施编码

生产设施代码组成如图 G - 4 所示，代码总体上由生产设施标识码和流水顺序码 2 部分共 6 位字母和数字混合组成。

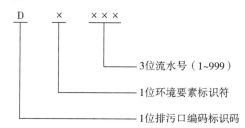

第一部分（第 1～2 位）：生产设备/设施的编码标识，使用 2 位字母 MF（英文 manufacture facility 的首位字母）表示。

第二部分（第 3～6 位）：全单位统一的生产设备/设施流水顺序码，使用 4 位阿拉伯数字。

使用时固定污染源代码与生产设施代码一起构成该生产设施的全国唯一代码。

（三）治理设施编码

治理设施代码组成如图 G－5 所示，代码由标识码、环境要素标识符和流水顺序码 3 个部分共 5 位字母和数字混合组成。

图 G－5　治理设施代码结构

第一部分（第 1 位）：治理设施的编码标识，使用 1 位字母 T（英文 treatment 治污的首位字母）。

第二部分（第 2 位）：环境要素标识符，使用 1 位英文字母（英文 Air 首位字母 A 表示空气，英文 Water 首位字母 W 表示水，英文 Noise 首位字母 N 表示噪声，英文 Solid Waste 首位字母 S 表示固体废物）表示。

第三部分（第 3～5 位）：全单位统一的治理设施流水顺序码，使用 3 位阿拉伯数字。

使用时固定污染源代码与治理设施代码一起构成该治理设施全国唯一代码。

（四）排放口编码

排放口代码组成如图 G－6 所示，代码由标识码、排放口类别代码和流水顺序码 3 个部分共 5 位字母和数字混合组成。

第一部分（第 1 位）：排污口的编码标识，使用 1 位英文字母 D（Discharge outlet 排污）表示。

第二部分（第 2 位）：环境要素标识符，使用 1 位英文字母（A 表示空气，W 表示水）

表示。

第三部分（第3~5位）：全单位统一的排污口流水顺序码，使用3位阿拉伯数字。

使用时固定污染源代码与排放口代码一起构成该排放口全国唯一代码。

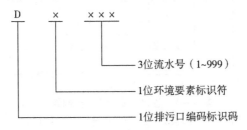

D   ×   × × ×

— 3位流水号（1~999）

— 1位环境要素标识符

— 1位排污口编码标识码

图 G-6　排污口代码结构

资料性附件 A

固定污染源代码示例

假设某钢铁联合有限责任公司统一社会信用代码为911302307808371268），根据《国民经济行业分类》、《排污许可分类管理名录》，该企业可能包含炼铁（含烧结、球团）3110、炼钢3120、自备火力发电4411、炼焦2520，则其排污许可证代码为911302307808371268001P，排污许可证副码为多个，分别为3110、3120、4411、2520，如附图1、附图2所示。

1~18	19	20	21	22
911302307808371268	0	0	1	P
排位单位统一社会信用代码	排污单位统一的顺序码			校验码

附图1　排污许可证代码：911302307808371268001P

1	2	3	4
3	1	1	0
行业类别代码			
炼铁（含烧结、球团）			

3110

1	2	3	4
3	1	2	0
行业类别代码			
炼钢			

3120

1	2	3	4
4	4	1	1
行业类别代码			
火力发电			

4411

1	2	3	4
2	5	2	0
行业类别代码			
炼焦			

2520

附图2　排污许可证副码

资料性附件 B

生产设施、污染治理设施、排放口代码示例

某钢铁联合有限责任公司炼铁行业某生产设施代码为 MF0001，如附图 3 所示；该设施全国唯一代码为 9113023078083712680001P3110MF0001，如附图 4 所示。

1	2	3	4	5	6
M	F	0	0	0	1
生产设施标识码		全单位统一的生产设施流水顺号			
生产设施标识码		第 1 号生产设施			

附图 3　某生产设施编码

1～22	23～26	27	28	29	30	31	32
9113023078083712680001 P	3110	M	F	0	0	0	1
排污许可证代码	排污许可证副码	生产设施标识码		全单位统一的生产设施流水顺号			
某钢铁联合有限责任公司	炼铁行业	生产设施标		第 1 号生产设施			

附图 4　某生产设施全国唯一编码

某钢铁联合有限责任公司炼铁行业某废气治理设施代码为 TA0001，如附图 5 所示；该设施全国唯一代码为 9113023078083712680001P3110TA0001，如附图 6 所示。

1	2	3	4	5
T	A	0	0	1
治理设施标识码	环境要素编码	按环境要素分的治理设施流水顺号		
治理设施标识码	空气	第 1 号空气治理设施		

附图 5　某废气治理设施代码：TA0001

1～22	23～26	27	28	29	30	31
9113023078083712680001 P	3110	T	A	0	0	1
排污许可证代码	排污许可证副码	治理设施标识码	环境要素编码	按环境要素分的治理设施流水顺号		
某钢铁联合有限责任公司	炼铁行业	治理设施标识码	空气	第 1 号空气治理设施		

附图 6　某污染治理设施全国唯一代码

某钢铁联合有限责任公司炼铁行业某废水排放口代码为 DW001，如附图 7 所示；该排

放口全国唯一代码为91130230780837126800lP3110DW001，如附图8所示。

1	2	3	4	5
D	W	0	0	1
排污口标识码	环境要素编码	按环境要素分的排污口流水号		
排污口标识码	废水	第1号废水排位口		

附图7　某废水排放口代码：DW001

1 ~ 22	23 ~ 26	27	28	29	30	31
91130230780837126800lP	3110	D	W	0	0	1
排污许可证代码	排污许可证副码	排放口标识码	环境要素编码	按环境要素分的排污口流水号		
某钢铁联合有限责任公司	炼铁行业	排放口标识码	废水	第1号废水排位口		

附图8　该废水排放口全国唯一代码

致　谢

感谢国家水体污染控制与治理科技重大专项管理办公室、水专项河流主题、重点行业水污染全过程控制技术集成与工程实证、重点流域造纸行业水污染控制关键技术及产业化示范、沙颖河上中游重污染行业污染治理关键技术研究与示范、南四湖流域重点污染源控制及废水减排技术工程示范、辽河流域重化工业节水减排清洁生产技术集成与示范等项目（课题）承担单位和参加单位对本书有关技术资料的支持和帮助。另外，还要特别感谢中国造纸协会、中国造纸学会、华南理工大学、中国林科院林产化工研究所和轻工业环境保护研究所等单位给予的相关行业资料及数据支持，在此向他们表示衷心的感谢。在本蓝皮书的编辑过程中，我们参考了大量的文献资料，在此，向这些作者及其文献给予的间接帮助表示感谢。最后，还要感谢咨询专家及行业工作者，在此一并致以衷心的感谢！